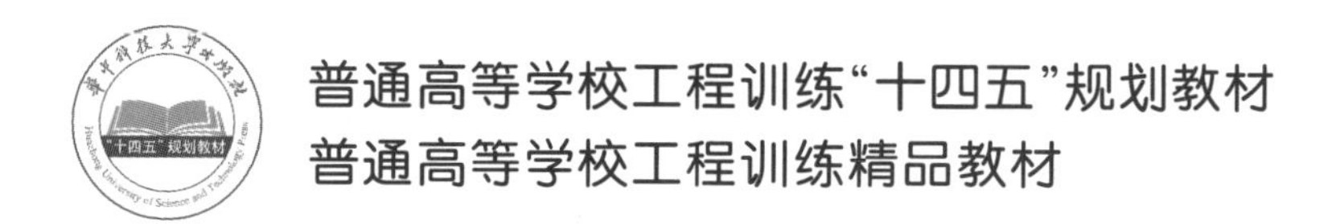

普通高等学校工程训练“十四五”规划教材
普通高等学校工程训练精品教材

工程训练——工业机器人工作站调试应用教学单元

主　编　李萍萍
副主编　鲍　雄
参　编　吴超华　肖生浩

华中科技大学出版社
中国·武汉

内 容 简 介

本书是根据高等院校卓越工程师人才培养目标，总结近年来智能制造实践教学改革与创新成果，参照当前有关技术标准编写而成的。本书为项目化教材，全书共8个项目，介绍了工业机器人工作站的基本概念和典型应用，并结合工业机器人工作站实训平台介绍了工业机器人工具快换、上下料、码垛、装配、视觉分拣、数字孪生等项目及任务的实施，较全面阐述了工业机器人工作站实践教学方案。

本书可作为高等院校机械及近机械类专业工业机器人进阶实践训练教材。

图书在版编目(CIP)数据

工程训练.工业机器人工作站调试应用教学单元/李萍萍主编.—武汉：华中科技大学出版社，2024.4

ISBN 978-7-5772-0553-3

Ⅰ.①工… Ⅱ.①李… Ⅲ.①机械制造工艺 Ⅳ.①TH16

中国国家版本馆 CIP 数据核字(2024)第076305号

工程训练——工业机器人工作站调试应用教学单元

Gongcheng Xunlian——Gongye Jiqiren Gongzuozhan Tiaoshi Yingyong Jiaoxue Danyuan

李萍萍 主编

策划编辑：余伯仲
责任编辑：杨赛君
封面设计：廖亚萍
责任校对：张会军
责任监印：朱 玢

出版发行：华中科技大学出版社(中国·武汉) 电话：(027)81321913
武汉市东湖新技术开发区华工科技园 邮编：430223

录 排：武汉市洪山区佳年华文印部
印 刷：武汉市洪林印务有限公司
开 本：710mm×1000mm 1/16
印 张：9.5
字 数：179千字
版 次：2024年4月第1版第1次印刷
定 价：29.80元

普通高等学校工程训练“十四五”规划教材
普通高等学校工程训练精品教材

编写委员会

前　言

为了满足新形势下高等院校卓越工程师人才培养目标，在总结近年来智能制造实践教学改革与创新成果的基础上，来自华中科技大学、武汉科技大学等多所院校的智能制造实践教学一线教师共同编写了本书。

本书在内容选择上注重与企业对人才的需求紧密结合，力求满足学科、教学和社会三方面的需求，在广泛调研基础上，选取典型的工业机器人工作站应用场景作为教学项目，任务内容包括工业机器人工作站的基本概念和典型应用，工业机器人工作站工具快换、上下料、码垛、装配、视觉分拣、数字孪生等，较全面阐述了工业机器人工作站实践教学方案。

本书可作为高等院校机械及近机械类专业工业机器人进阶实践训练教材。

本书由华中科技大学李萍萍担任主编，由武汉科技大学鲍雄担任副主编。具体编写分工如下：项目一到项目七由李萍萍编写，项目八由鲍雄编写。

本书的出版得到了湖北省高等教育学会金工教学专业委员会以及各参编院校领导的大力支持，在此表示衷心的感谢！

由于项目化教学尚在探索之中，且编者水平有限，书中定有错讹和不足之处，恳请广大读者批评指正。

编　者

2024年1月

目　　录

项目一　初识工业机器人工作站

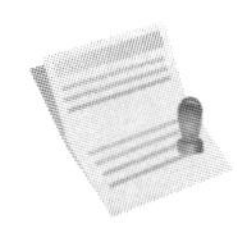

项目描述

工业机器人工作站是一种专门设计和配置的用于工业机器人操作和控制的工作环境，在工业生产中扮演着重要的角色，可以增加生产效率、提高产品质量，同时降低制造成本。

本项目介绍工业机器人工作站的概念、特点及典型工业机器人工作站的应用与组成，使学生对工业机器人工作站形成初步认识。

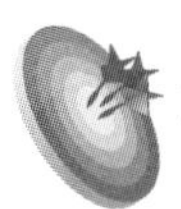

项目目标

(1) 了解工业机器人工作站的概念及特点。

(2) 了解典型工业机器人工作站的应用与组成。

任务一　工业机器人工作站概念

任务描述

本任务通过学习工业机器人工作站的定义、特点、发展及应用，使学生了解工业机器人工作站的概念。

任务实施

1. 工业机器人工作站的定义

工业机器人工作站是指以一台或多台机器人为主，配以相应的周边设备，如变位机、输送机、工装工具等，或借助人工的辅助操作一起完成相对独立的一种作业或一个工序的一组设备组合。在工业机器人工作站中，机器人及其控制系统应尽量选用标准装置，对于个别特殊的场合，需设计专用机器人；而末端工具等辅助设备以及其他周边设备，则随应用场合和工件特点的不同存在着较大差异。

工业机器人工作站系统集成一般包括硬件集成和软件集成。硬件集成需要根据需求对各个设备接口进行统一定义，以满足通信要求；软件集成则需要对整个系统的信息流进行综合，然后控制各个设备使之按流程运转。

工业机器人工作站，可以部分替代传统自动化设备。当工厂的产品需要更新换代或变更时，只需重新编写机器人的运行和控制程序，便能快速适应变化，而不需要重新调整生产线，大大降低了制造成本。

2. 工业机器人工作站的特点

1）技术先进

工业机器人是集精密化、柔性化、智能化等先进制造技术于一体的装置，通过对生产过程进行实时检测、控制、优化、调度、管理和决策，实现了提高质量、降低成本、提升效率、减少资源消耗和环境污染的目的，是工业自动化水平的最高体现。

2）技术升级

工业机器人与自动化成套装备具有精细制造、精细加工以及柔性生产等特点，是继动力机械、计算机之后出现的全面延伸人的体力和智力的新一代生产工具，是实现生产数字化、网络化以及智能化的重要手段。

3）应用领域广泛

工业机器人与自动化成套装备是工业生产的关键设备，可用于制造、安装、检测、物流等生产环节，并广泛应用于汽车整车及汽车零部件制造、电气电子设备制造、工程机械、轨道交通、电力、军工、医药、冶金等行业，应用领域非常广泛。

4）技术综合性强

工业机器人工作站融合了多种学科，涉及多项技术领域，包括工业机器人控制、机器人动力学及运动学、机器人设计仿真、模块化程序设计、智能测量、建模加工一体化、智能感知以及物流调度等先进制造技术，技术综合性强。

3. 工业机器人工作站的发展与应用

在工业机器人工作站中，机器人本体是中心，它的性能决定了工作站的水平。我国的工业机器人研发起步较晚，与国外的机器人技术水平有一定差距，因此目前的工业机器人工作站仍然以国际品牌为核心；但在我国科技工作者的不懈努力下，国产工业机器人逐步占据主导地位。

工业机器人工作站的主要目的是使机器人实现自动化生产，从而提高效率、解放生产力。从产业链的角度看，机器人本体是机器人产业发展的基础，处于产业链的上游，而工业机器人工作站系统集成则处于机器人产业链的下游即应用端，为终端客户提供应用解决方案，负责工业机器人应用的二次开发和周边自动化配套设备的集成，是工业机器人自动化应用的重要组成部分。

工业机器人可以替代人在危险、有害、有毒、低温和高热等恶劣环境中工作，还可以替代人完成繁重、单调的重复劳动。作为智能制造的重要装备，工业机器人工作站在智能制造很多领域均得到了规模化的集成应用，极大地提高了生产效率和产品质量，降低了生产和劳动力成本。

如图 1-1 所示，从下游应用行业看，电气电子设备和器材制造业是我国应用工业机器人最多的行业，其次是汽车制造业和金属加工业；从应用领域看，搬运与上下料领域是工业机器人应用最多的领域，加上焊接与钎焊、装配及拆卸，这三个领域的工业机器人应用占整个中国工业机器人市场的 80%以上。

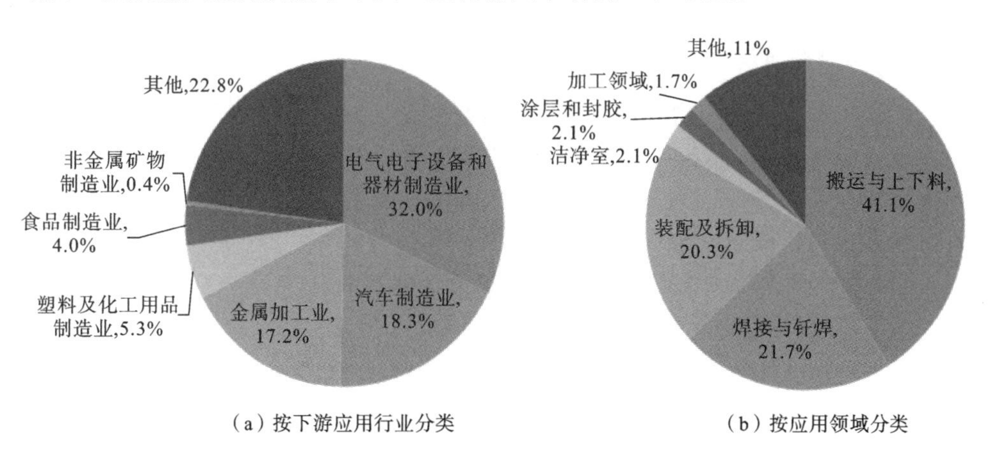

图 1-1 2021 年中国工业机器人市场分布

工业机器人工作站的未来发展方向是智能工厂，智能工厂是现代工厂数字化、网络化、智能化发展的一个新阶段。智能工厂的核心是数字化、网络化和智能化，它们将贯穿于生产的各个环节，降低从设计到生产制造的不确定性，从而缩短产品从设计到生产的周期，并且提高产品的可靠性与成功率。

任务二　典型工业机器人工作站

任务描述

根据在工业生产中的应用领域，工业机器人工作站可划分为工业机器人搬运工作站、工业机器人码垛工作站、工业机器人上下料工作站、工业机器人装配工作站、工业机器人焊接工作站、工业机器人打磨工作站、工业机器人涂胶工作站等。

本任务通过学习典型工业机器人工作站的应用、特点及组成，使学生全面了解工业机器人工作站。

任务实施

1. 工业机器人搬运工作站

搬运机器人适用于物流、电子、食品、饮料、化工、医药、军工和包装等行业，满足企业对板材及桶装、罐装、瓶装等各种形状工件的搬运要求，动作灵活，可全天候不间断作业，大大提高了生产效率，减轻人力劳动强度。

工业机器人搬运工作站具有如下优点：

(1) 搬运效率比人工搬运高，可全天候不间断作业；

(2) 结构简单，故障率低，易于保养及维修；

(3) 可以设置在狭窄的空间，场地使用效率高，应用灵活；

(4) 可在控制柜屏幕上以手触式完成操作，操作非常简单；

(5) 一台搬运机器人可以同时处理多条生产线的不同产品，节省了企业成本。

工业机器人搬运工作站一般具有如下特点：

(1) 应有物品的传送装置，其形式要根据物品的特点选用或设计；

(2) 应准确定位物品,以便于机器人抓取;

(3) 要根据被拿物品设计专用末端工具。

工业机器人搬运工作站除了需要搬运机器人(机器人本体、末端工具)外,还需要一些辅助的周边设备,比如扩大工作范围的移动轨道、输送线系统、仓储装置、PLC 控制系统和安全保护装置等。

搬运机器人从结构形态上可分为龙门式搬运机器人、悬臂式搬运机器人、侧壁式搬运机器人、摆臂式搬运机器人和关节式搬运机器人,如图 1-2 所示,其中关节式搬运机器人是目前工业领域较为常见的机器人。

龙门式搬运机器人

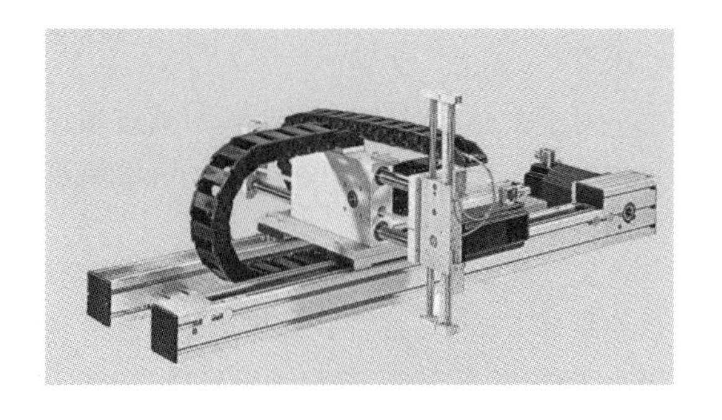

悬臂式搬运机器人

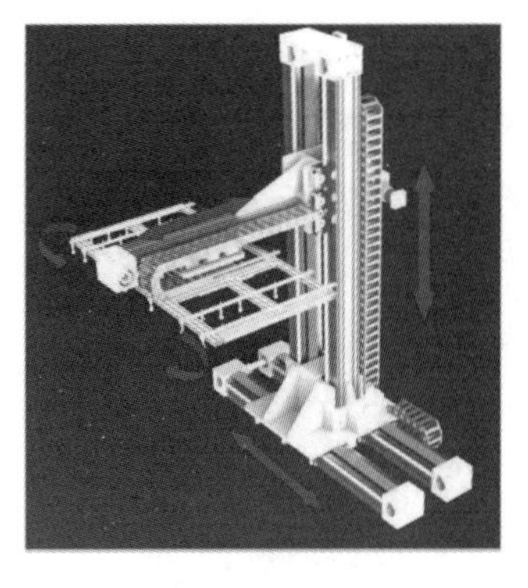

摆臂式搬运机器人

关节式搬运机器人

图 1-2　搬运机器人分类

工业机器人末端工具是安装在机器人手腕上的完成作业的一套独立的装置,是工业机器人工作站的核心部件,如图 1-3 所示。工业机器人搬运工作站需要根据搬运对象合理设计和选用末端工具。

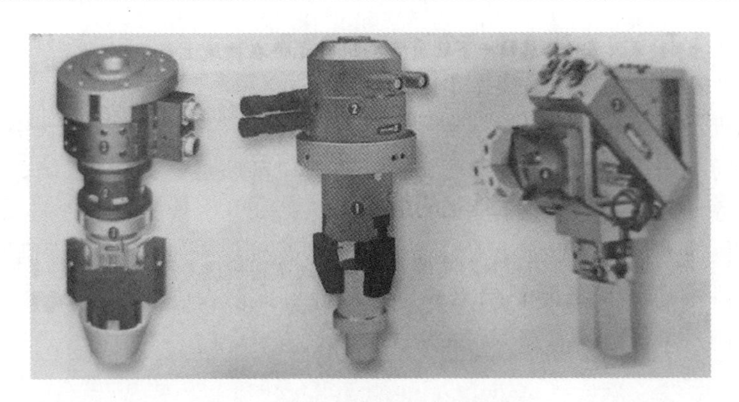

图 1-3　工业机器人末端工具

对于搬运空间较大的场合，可通过增设外部轴的方式来增加和扩大机器人的自由度和工作空间。如图 1-4 所示，增加移动轨道是搬运机器人增加自由度最常见的方法。

输送线系统的主要功能是把上料位置处的工件传送到输送线末端落料台上，以便机器人搬运，如图 1-5 所示。一般在上料位置处装有光电传感器，用于检测是否有工件；若有工件，将启动输送线，输送工件；输送线末端落料台处一般也装有光电传感器，用于检测落料台上是否有工件，若有工件，将启动机器人来搬运。

图 1-4　工业机器人移动轨道

图 1-5　输送线

仓储装置有平面仓储和立体仓储两种，用于放置搬运来的工件，图 1-6 所示为立体仓库。

图 1-6　立体仓库

PLC 控制系统是工业机器人搬运工作站的控制核心，搬运机器人的启动与停止、输送线的运行等，均由 PLC 控制。

工业机器人搬运工作站一般会使用安全围栏配备安全光栅来进行防护。

2. 工业机器人码垛工作站

工业机器人码垛工作站与工业机器人搬运工作站类似，但是工业机器人码垛工作站的主要作业对象是袋装物品和箱装物品。一般来说，箱装物品的外形整齐、变形小，采用的末端工具多为真空吸盘；而袋装物品外形柔软，极易发生变形，因此在定位和抓取之前，应经过多次整形处理，所用末端工具也要根据物品特点专门设计。

图 1-7 所示是肥料生产线工业机器人码垛工作站。

3. 工业机器人上下料工作站

工业机器人上下料工作站是将待加工工件送到机床上的加工位置和将已加工工件从加工位置取下的自动化和半自动化装置。目前，机床加工要求加工精度高、批量加工速度快，促使生产线自动化程度必须提升，迫切需要针对机床进行全方位

图 1-7　工业机器人码垛工作站

自动化升级，使劳动力从中解放出来。工业机器人上下料工作站在数控车削加工、压铸、注塑、锻造等领域有着广泛的应用。图 1-8 为机械加工行业工业机器人上下料工作站。

工业机器人上下料工作站具有如下优点：

(1) 可重复工作，重复定位精度高；

(2) 工作时间长，能很好地适应多品质、变批量的生产；

(3) 减小机床及刀具的磨损，延长机床的使用寿命，减少企业的投资成本；

(4) 在高危环境中应用较好，使用广泛；

(5) 使用寿命长，减少企业投资成本；

(6) 通过外部加装，一台机器人可实现机床多工位的生产；

(7) 提高工件加工质量，降低废品率；

(8) 减少操作时间，提高生产效率；

(9) 减少因操作失误而引起的生产事故，确保生产安全。

4. 工业机器人装配工作站

工业机器人装配工作站是指使用一台或多台装配机器人，配有控制系统、辅助装置及周边设备，进行装配生产作业，从而完成特定工作任务的生产单元。工业机

图 1-8　工业机器人上下料工作站

器人装配工作站广泛应用于电器、汽车、计算机、机电产品等的装配生产。

根据装配任务的不同，工业机器人装配工作站也不同。一个复杂机器系统的装配，可能需要一个或多个工作站共同工作，形成一条装配生产线，才能完成整个装配过程。比如汽车装配，其零件数量及种类众多，装配过程非常复杂，每个工作站只能完成规定的装配工作，由很多个工作站组成一条装配生产线完成一个项目的装配，由多条装配生产线共同工作，完成一个极为复杂的汽车装配任务，如图 1-9 所示。

图 1-9　工业机器人装配生产线

工业机器人装配工作站的运用对工业生产的意义如下：

（1）工业机器人装配工作站可以提高生产效率和产品质量、降低企业成本；

（2）工业机器人装配工作站生产线容易安排生产计划；

（3）工业机器人装配工作站可缩短产品改型换代的周期，降低相应的设备投资成本。

工业机器人装配工作站每个环节只有具备高可靠性和一定的灵敏度，才能保证生产的连续性和稳定性。合理地规划装配生产线可以更好地保证产品的高精度、高效率、高柔性和高质量。

5. 工业机器人焊接工作站

焊接机器人是应用广泛的一类工业机器人。采用机器人焊接是焊接自动化的革命性进步，它突破了传统的焊接刚性自动化方式，开拓了一种柔性自动化新方式。焊接机器人分为弧焊机器人、点焊机器人和激光焊接机器人等。

焊接机器人工作站的主要优点介绍如下：

（1）易于实现焊接产品质量的稳定性，保证其均一性；

（2）可提高生产率，可一天 24 h 连续作业；

（3）改善工人劳动条件，可在有害环境下长期工作；

（4）降低对工人操作技术难度的要求；

（5）缩短产品更新换代的准备时间，减少相应的设备投资成本；

（6）可实现批量生产焊接自动化；

（7）为焊接柔性生产线提供技术支撑。

以工业机器人弧焊工作站为例，其包含工业机器人、焊接系统、外轴设备、供气设备、防撞装置、焊枪清理装置、安全防护装置、焊接排烟除尘装置、冷却系统等部分组成，如图 1-10 所示。

焊接机器人一般有 3～6 个自由运动轴，如图 1-11 所示，可在末端夹持焊枪，能按照程序要求的轨迹和速度进行移动。

根据焊接方式的不同，焊接机器人可以加载不同的焊接设备。焊接系统包括焊接电源、焊枪、送丝机等。

为了扩大和提升焊接机器人的工作范围和工作协同性，工业机器人焊接工作站一般均配备外轴设备，比如机器人移动轨道、焊接变位机等。机器人移动轨道可扩大焊接机器人的工作范围，让机器人在多个不同位置完成作业任务，从而提高工作效率和柔性。焊接变位机是用来拖动待焊工件，使待焊焊缝运动至理想位置以便施焊作业的设备，通过控制可实现焊接变位机和机器人的协同运动。

图 1-10　工业机器人弧焊工作站

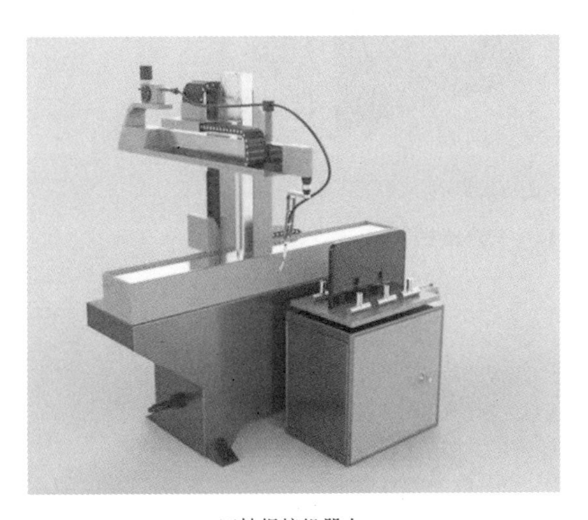

四轴焊接机器人

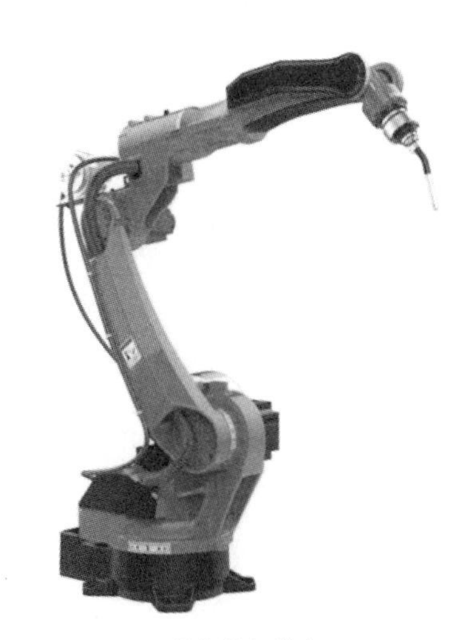

六轴焊接机器人

图 1-11　焊接机器人

供气设备可以提供纯度合格的保护气体，并且在焊接时以适宜的流量从焊枪喷嘴中喷出。

防撞装置一般是在焊接机器人手部工具上安装一个防碰撞传感器，其作用是确保及时检测到工业机器人工具与周边设备或人员发生碰撞，从而保证设备的安全。

工业机器人焊接工作站一般会使用安全围栏、挡弧板、安全地毯等安全防护装置来防止焊接过程中的弧光辐射、飞溅物伤人、工位干扰等，如图 1-12 所示。

图 1-12　安全围栏

项目二　工业机器人工作站调试应用实训平台

项目描述

为了方便工业机器人工作站实训任务的介绍和讲解，本项目以图 2-1 所示工业机器人工作站调试应用实训平台为对象，讲解工业机器人工作站调试及应用相关实训任务。

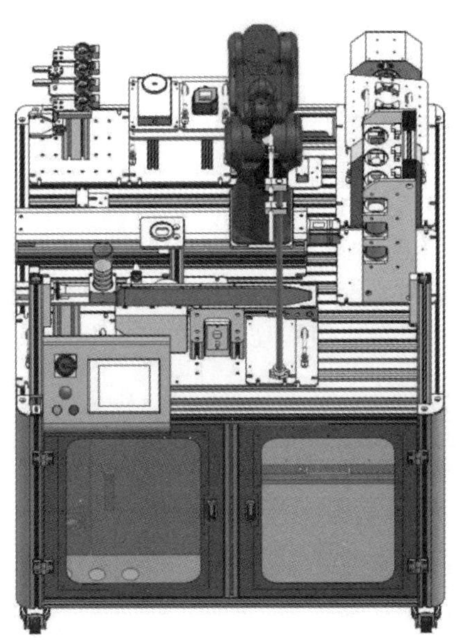

图 2-1　工业机器人工作站调试应用实训平台

本项目详细介绍了工业机器人工作站调试应用实训平台的模块组成、可开展的实训项目以及操作前的准备和注意事项，为顺利开展实训任务奠定基础。

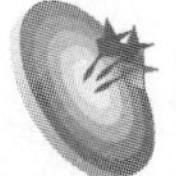

项目目标

(1) 了解工业机器人工作站调试应用实训平台的模块组成。

(2) 了解工业机器人工作站调试应用实训平台可开展的实训项目。

(3) 了解工业机器人工作站调试应用实训平台操作前的准备及注意事项。

任务一　了解工业机器人工作站调试应用实训平台

任务描述

本任务学习工业机器人工作站调试应用实训平台的模块组成及各模块的功能和技术参数。

任务实施

工业机器人工作站调试应用实训平台以桌面型6轴工业机器人系统为核心操作设备,配备多种机器人末端工具、工作平台、机器人外部行走轴、变位机、视觉检测装置、皮带输送模块、供料系统、仓储系统、PLC控制系统等周边设备,构成了可开展独立应用编程训练和复杂应用编程训练的工业机器人实训平台。

本实训平台具体配套模块见表2-1。

表2-1　工业机器人工作站调试应用实训平台配套模块

序号	模块	序号	模块
1	6轴工业机器人	7	装配模块
2	快换工具模块	8	电机装配模块
3	平面搬运码垛模块	9	仓储模块
4	斜面搬运模块	10	视觉检测模块
5	行走轴模块	11	井式供料模块
6	变位机模块	12	皮带输送模块

1. 工业机器人

本实训平台采用的是6轴工业机器人，包括机器人本体、机器人控制柜、示教器、机器人连接电缆，如图2-2所示。

2. 快换工具模块

快换工具模块配置多种机器人末端工具，主要包括直口夹具、弧口夹具、绘图笔工具、吸盘工具等，如图2-3所示。机器人末端工具均由机器人控制器控制IO模块实现状态切换。

图2-2　6轴工业机器人

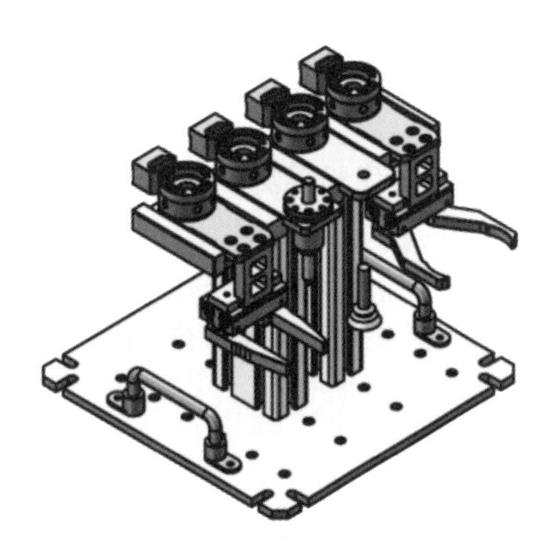

图2-3　快换工具模块

3. 平面搬运码垛模块

平面搬运码垛模块由面板和物料块组成，物料块分为正方体和长方体，分别有10个，如图2-4所示。基于本模块，本实训平台可开展平面物料搬运以及多种物料混合码垛的编程实训。

4. 斜面搬运模块

斜面搬运模块包含搬运物料放置架2个和表面印有数字1～9的三角物料块，如图2-5所示。操作者可自定义搬运顺序，将数字为1～9的物料在两个放置架之间进行转移操作编程。

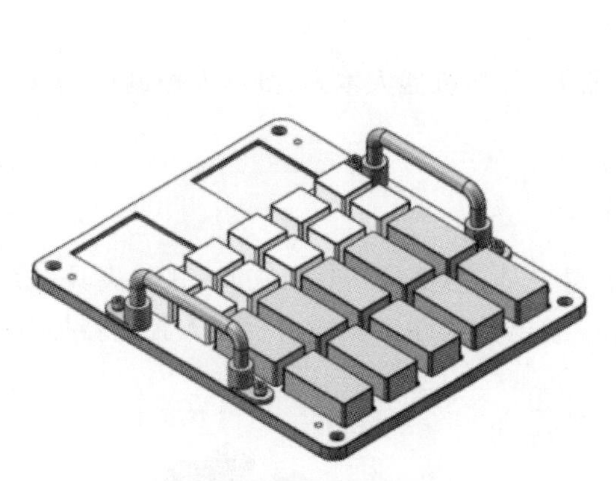

图 2-4　平面搬运码垛模块

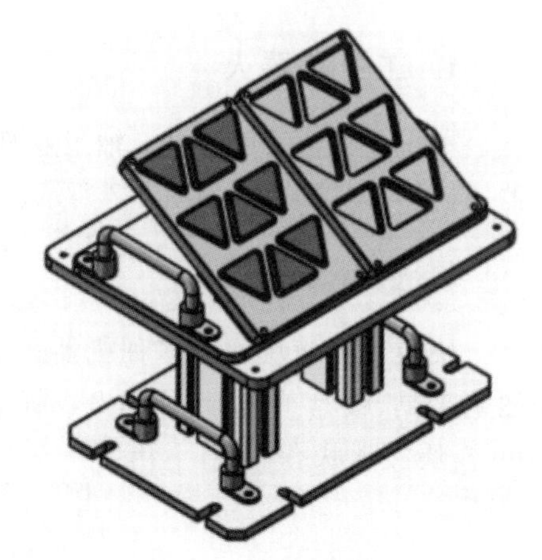

图 2-5　斜面搬运模块

5. 行走轴模块

机器人行走轴具有 600 mm 行程，最高运行速度限制在 150 mm/s，额定负载能力为50 kg，机器人安装行走轴可拓宽机器人的运动空间，在一些狭小位置方便机器人灵活操作。行走轴模块如图 2-6 所示。

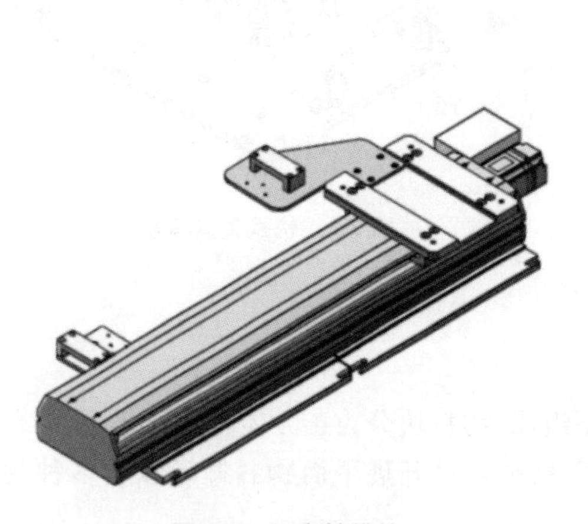

图 2-6　行走轴模块

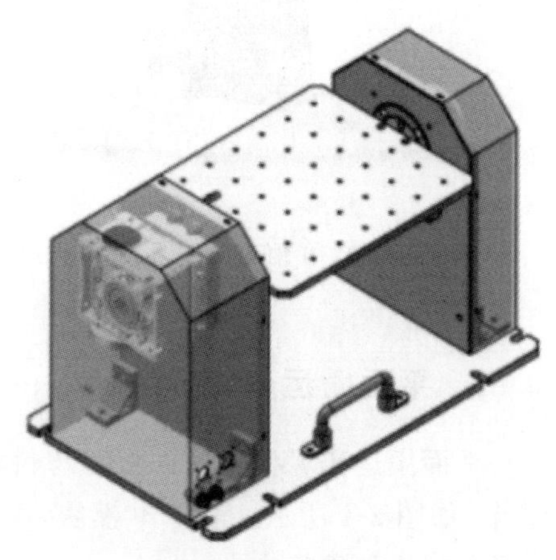

图 2-7　变位机模块

6. 变位机模块

如图 2-7 所示，变位机模块采用机器人外部轴控制，其电机驱动器接收机器人控制器命令，通过示教器对其进行编程和操作。变位机采用绝对式编码器，模块侧面板有零位刻线，可通过示教器校准变位机零位，其运动范围通过机械限位设置为±90°。

7. 装配模块

装配模块为机器人组装零部件提供准确的操作工位，主要由伸缩气缸和工件定位夹紧块组成，如图 2-8 所示。

8. 电机装配模块

电机装配模块具有 6 组电机零件放置位，分别有三种颜色的三类工件，即电机壳体、电机转子、电机盖板，如图 2-9 所示。

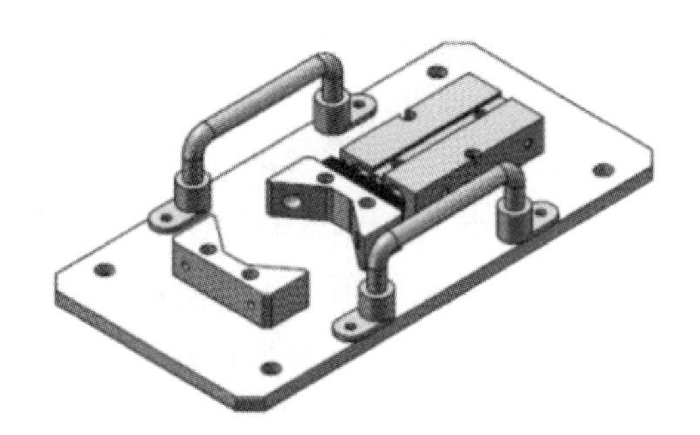

图 2-8　装配模块

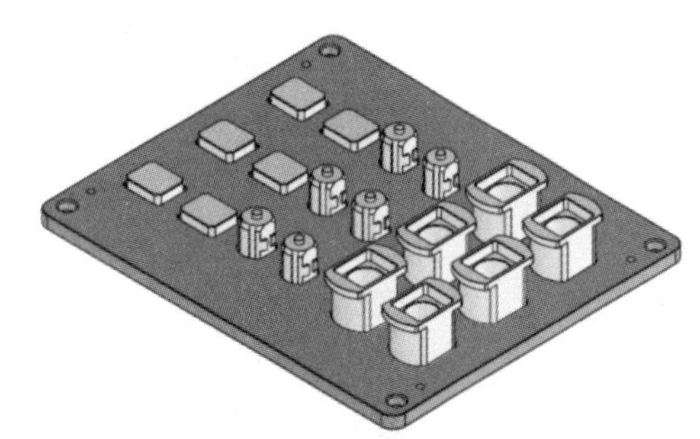

图 2-9　电机装配模块

9. 仓储模块

仓储模块包含 4 层，每层 3 个存储位，如图 2-10 所示。工件最大存储尺寸：直径为65 mm，高度为 100 mm。下面两层配置有 6 个工件检测传感器，检测距离最大为 15 mm，传感器信号集成于远程 IO 模块，与 PLC 控制器通过 modbus_TCP 进行信号交互。仓储模块用于放置机器人关节装配的工件和成品。

10. 视觉检测模块

视觉检测模块主要包括相机、光源、控制器、通信软件和应用软件，如图 2-11 所示。视觉控制器为外部计算机(PC)，可检测工件外形轮廓、颜色、坐标值，该信息通过 TCP/IP 发送到机器人控制器。

11. 井式供料模块

井式供料模块由圆柱形料筒和伸缩气缸组成，圆柱形料筒内径为 50 mm，如

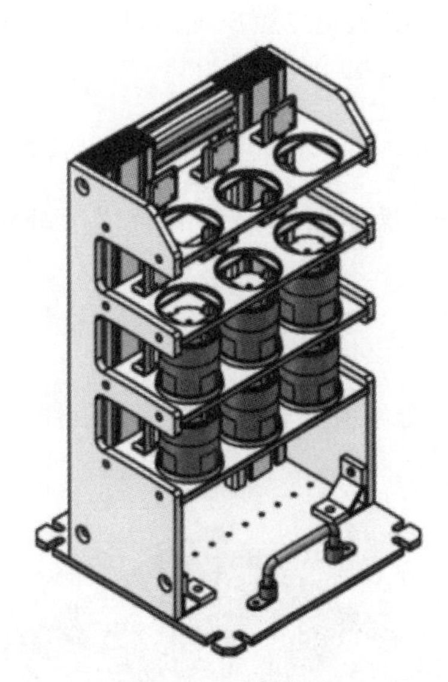

图 2-10 仓储模块

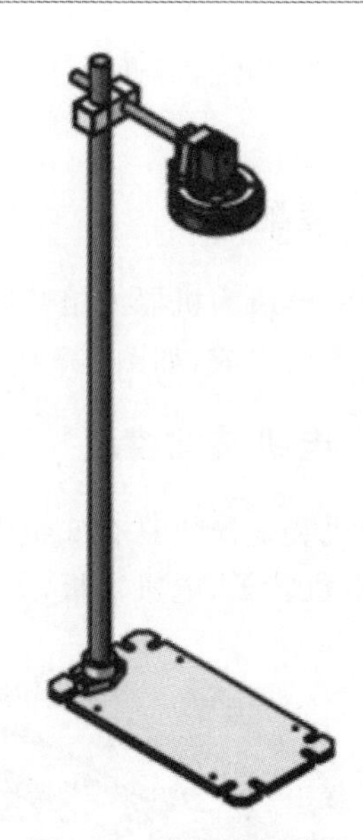

图 2-11 视觉检测模块

图 2-12 所示。圆柱形料筒可同时装入机器人关节的减速机和输出法兰两种圆形物料，圆柱形料筒底部配置对射型传感器以检测工件有无，伸缩气缸配置磁性开关以检测动作是否执行，伸缩气缸动作及其传感器信号均由 PLC 控制。

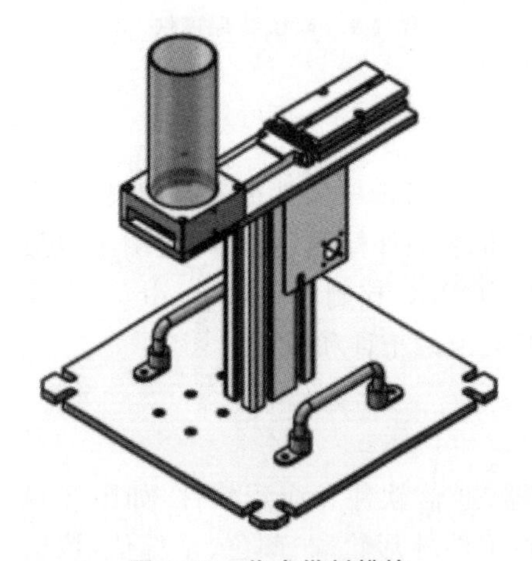

图 2-12 井式供料模块

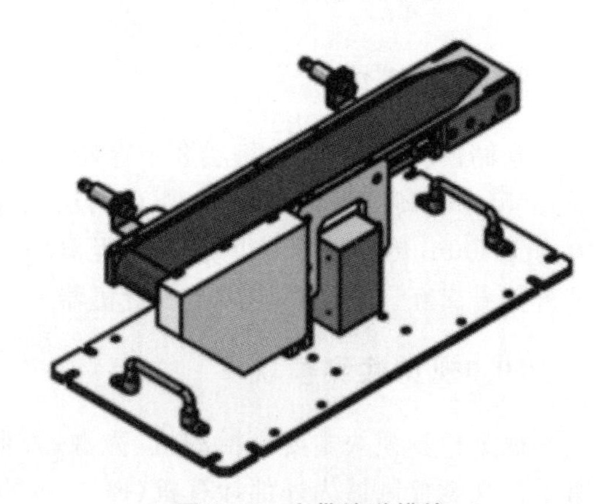

图 2-13 皮带输送模块

12. 皮带输送模块

皮带输送模块主要由皮带输送机、工件上料检测传感器、工件到位检测传感器组成，如图 2-13 所示。皮带输送机采用 0～3000 r/min 直流电机驱动，运动减速比为 1∶50，皮带输送机可通过 PLC 控制模拟量进行调速，也可控制启停。

任务二　了解工业机器人工作站调试应用实训平台可开展的实训项目

任务描述

本任务介绍工业机器人工作站调试应用实训平台可开展的实训项目。

任务实施

基于本工业机器人工作站调试应用实训平台，可以开展多工具快换、平面搬运、斜面搬运、多工件码垛等工业机器人典型应用编程实训任务；还可以结合变位机、机器人外部行走轴、PLC 控制系统、井式供料模块、皮带输送模块、视觉检测模块等周边设备，开展电机装配、机器人关节模块装配等复杂应用的操作与编程实训任务；此外，还可以利用工业机器人离线编程软件对工业机器人复杂工艺进行仿真编程，扩展工业机器人应用编程的边界，充分发挥想象力，实现任何可能的机器人操作任务。

任务三　工业机器人工作站调试应用实训平台操作前的准备及注意事项

任务描述

本任务学习工业机器人工作站调试应用实训平台操作前的准备及注意事项，以保证安全操作。

任务实施

1. 设备检查

使用设备前,检查桌面配置的模块是否安装在对应的位置,出厂配置需查看模块布局图,自定义配置需查看是否按自定义将模块安装到位。清理桌面多余的模块,清理散落的螺钉及其他杂物,检查机器人末端工具是否放置在工具放置架,所需的操作对象(物料块)是否摆放正确。工业机器人工作站设备检查任务如表2-2所示。

表2-2 工业机器人工作站设备检查任务

检查任务	是否正常	处理方法	备注
线槽导线无破损外露			
机器人本体、外部轴上无杂物、工具等			
控制柜上不摆放物品,尤其是装有液体的物品			
无漏气、漏水、漏电现象			
确认安全装置,如紧急停止按钮能否正常工作			
机器人末端工具、物料块等正确摆放			

2. 通电前检查

设备通电前需检查设备接线,从主进线到每个模块的连接插头是否都安装到位,检查气路是否接好。

3. 操作安全

操作设备需严格遵守安全操作规程。

(1) 操作机器人前,确认急停按钮可以正常工作。

(2) 操作机器人前,确认在机器人动作范围内无任何人员,并确保自己处在一个安全的位置。

(3) 自动运行程序前,必须确认机器人各程序点正确,首先低速(≤10%)手动单步运行到程序末点,确认运动无误后,方可进入自动模式;以低速(≤10%)自动运行一遍后,方可进入高速运行。

(4) 运行过程中,如遇机器人出现非预料的动作,要第一时间按下急停按钮。

(5) 运行过程中,始终从机器人的前方进行观察。

(6) 运行过程中,始终按预先制定好的操作程序进行操作。

(7) 运行过程中,始终具有当机器人万一发生未预料的动作而进行躲避的意识。

(8) 运行过程中,确保自己在紧急的情况下有退路。

项目三　工业机器人工作站工具快换编程与调试

项目描述

工业机器人的手部又称为末端工具，它是工业机器人直接用于抓握工件或操持专用工具（如喷枪、扳手、砂轮、焊枪等）进行操作的部件，它具有模仿人手动作的功能，并安装于工业机器人手腕上。末端工具种类多样，按照形态可以分为机械夹持式和吸盘式两大类。

本工业机器人工作站调试应用实训平台融合了搬运、码垛、装配等功能，涉及多种不同形状和大小的工件，如图 3-1 所示，不同工件的形态和功能存在差异，需要使用不同的工业机器人末端工具进行抓握，因此本工业机器人工作站调试应用实训平台配备了快换工具模块。快换工具模块是末端工具的一种柔性连接工具，能够使工业机器人充分发挥性能，完成多种作业，提高工业机器人的性价比。

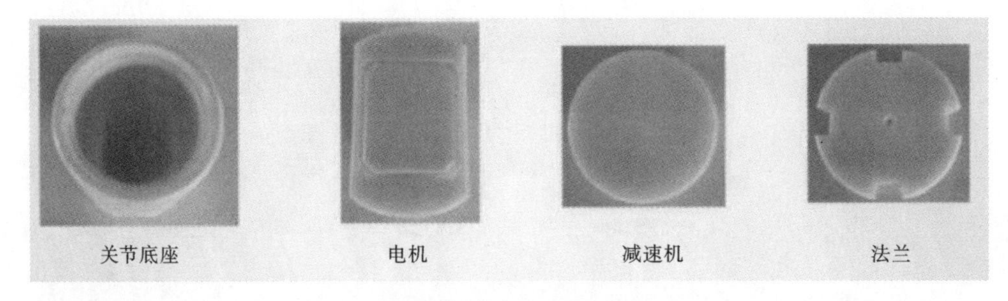

图 3-1　工件类型

本工业机器人工作站调试应用实训平台的快换工具模块配备了直口夹具、弧口夹具、吸盘工具和绘图笔工具四类比较有代表性的机器人末端工具，如图 3-2 所示。在开展不同的实训项目或实训任务时需要用到不同的工具，部分实训任务还会在一段程序中用到多种不同的工具，比如关节模块装配任务会用到直口夹具、弧口夹具和吸盘工具，其中直口夹具用来抓取电机工件，弧口夹具用来抓取关节底座工件，吸盘工具用来吸取减速机工件和法兰工件。因此，在开展工业机器人工作站具体实训任务之前，先要实现各工具快换功能，这样在后续具体任务实现过程中，就可以根据需求调用不同工具的取放程序。

工业机器人的工具快换

直口夹具

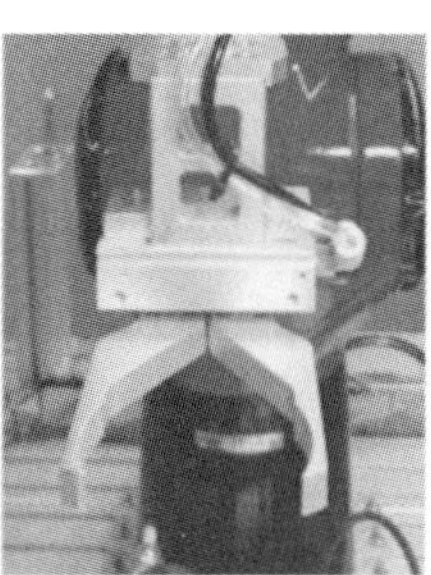

弧口夹具

吸盘工具

绘图笔工具

图 3-2　工业机器人末端工具类型

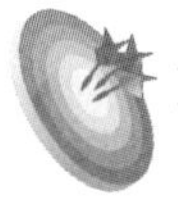

项目目标

（1）熟练掌握工业机器人示教编程的步骤。

（2）熟练掌握工业机器人的运动指令、IO 指令、延时指令、调用子程序指令。

（3）完成工业机器人工具快换功能的编程与调试。

任务一　吸盘工具取放

工业机器人吸盘工具一般用于抓取表面平整规则的物品，常用于物流、生产分拣、汽车生产、玻璃搬运、钣金件搬运等领域。

任务描述

编写吸盘工具自动取放程序，且取完或放完工具后工业机器人回到工作原点位置。

任务准备

1. 工业机器人工具快换功能

如图 3-3 所示，本工作站在工业机器人末端有一个活塞式的机械结构用于控制工具的快换，这种机械结构利用空气压缩机中的气流，通过电磁阀的开关来控制活塞的伸出和缩回的状态。

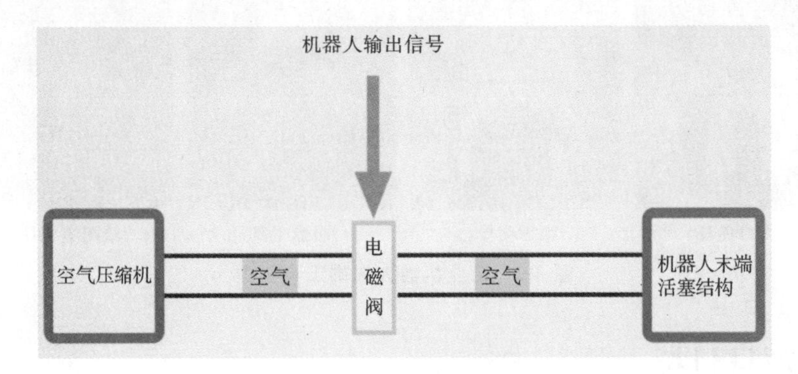

图 3-3　工具快换工作原理

当活塞缩回时，工具与机器人末端分离，或工业机器人末端处于可安装工具的状态，也就是快换松的状态；当活塞伸出时，工具与机器人末端连接，末端工具被成功安装到工业机器人的末端，也就是快换紧的状态。活塞缩回和伸出的状态如图 3-4 所示。因此，在取工具前，活塞要处于缩回状态；到达取工具点时，活塞要伸出，成功取工具；工具安装到工业机器人末端并在执行工作的过程中，活塞要始终

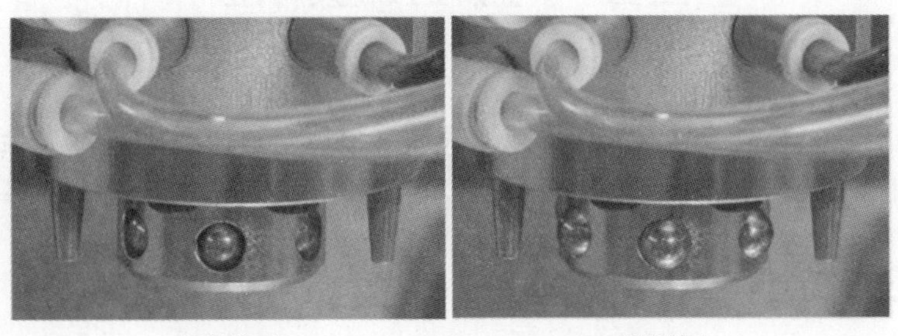

活塞缩回　　活塞伸出

图 3-4　活塞缩回和伸出的状态

保持伸出状态；当工作完成，要放工具时，到达放工具点后，活塞缩回，工具放下。

工业机器人末端活塞结构的伸出（快换紧）和缩回（快换松）均由工业机器人控制器控制 IO 模块实现状态切换，其信号接口定义如表 3-1 所示。当取工具时，需要切换成 DO[8]=OFF 且 DO[9]=ON；当放工具时，需要切换成 DO[9]=OFF 且 DO[8]=ON。

表 3-1　工业机器人末端工具快换信号

机器人 IO 模块	功能
DO[8]=ON，DO[9]=OFF	活塞缩回，快换松
DO[9]=ON，DO[8]=OFF	活塞伸出，快换紧

在开始编程之前，需要先确认机器人 IO 信号功能是否正常。如图 3-5 所示，在示教器“菜单”→“显示”→“输入/输出端”→“数字输入/输出端”→“输出”页面，分别给 DO[8]和 DO[9]手动赋值，以确认快换功能是否正常。此处需注意，若要快换紧，DO[9]要处于 ON 的状态，同时 DO[8]要处于 OFF 的状态；同样，若要快换松，DO[8]要处于 ON 的状态，同时 DO[9]要处于 OFF 的状态。还可以手动拿取工具放在工业机器人末端，通过分别给 DO[8]和 DO[9]赋值来检查快换松和快换紧的功能是否正常，并且熟悉 IO 指令的手动使用方法和控制逻辑。

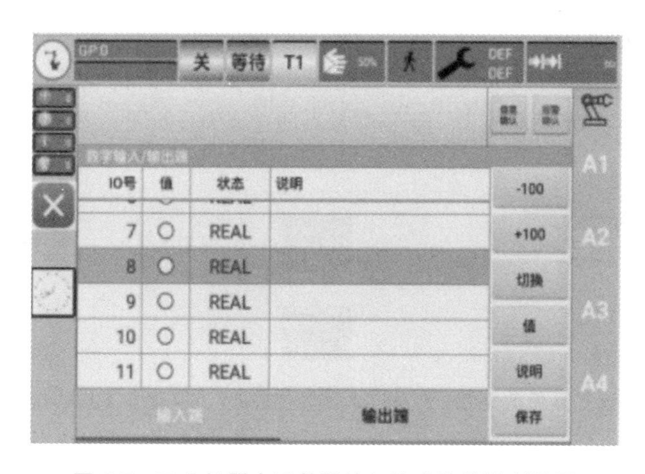

图 3-5　工业机器人示教器输入输出信号控制界面

2. 吸盘工具取放工件功能

吸盘工具吸取工件和放置工件均通过气动信号来控制，需要用到 IO 信号通道，具体信号通道定义如表 3-2 所示。DO[12]是吸盘工具工作和关闭的信号通道，当 DO[12]＝ON，表示吸盘工具工作，能够吸取工件；当 DO[12]＝OFF，表示吸盘工具关闭，要放置工件。

表 3-2　吸盘工具工作信号

机器人 IO 模块	功能
DO[12]＝ON	吸盘工具工作
DO[12]＝OFF	吸盘工具关闭

任务实施

1. 取吸盘工具

1）运动规划

（1）任务规划。

取吸盘工具的任务比较简单，只包含取吸盘工具和回工作原点两个子任务，如图 3-6 所示。

（2）动作规划。

根据图 3-6 所示的任务规划，可以把整个取吸盘工具的动作分解成回工作原点、快换状态复位、取吸盘工具、回工作原点四个动作，如图 3-7 所示。

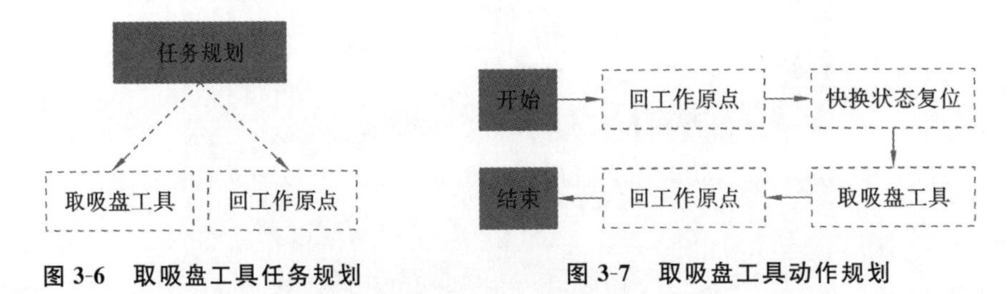

图 3-6　取吸盘工具任务规划　　**图 3-7　取吸盘工具动作规划**

（3）路径规划。

如图 3-8 所示，工业机器人末端法兰盘上有两个对称布置的尖锥，而工具上有两个对称的凹槽，在进行工具快换时，要把尖锥插入工具的凹槽中，因此要特别注意快换工具的路径规划。

根据图 3-7 的动作规划，工业机器人取吸盘工具的路径规划可按图 3-9 所示

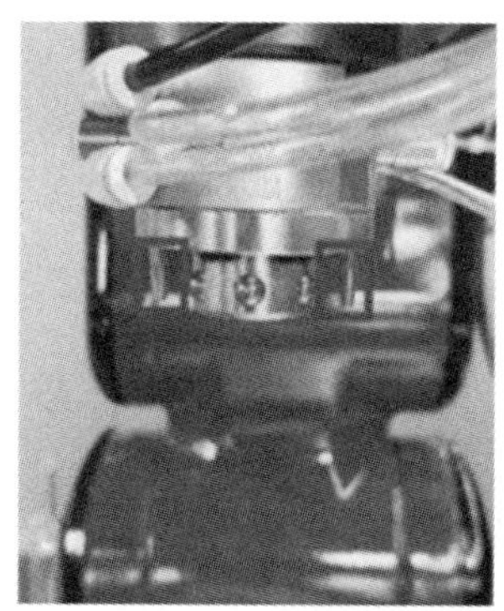

图 3-8　工具快换结构及位置

分解。为避免工业机器人与周边设备发生碰撞，以及保证末端法兰盘上的尖锥成功插入工具的凹槽中，需要在吸盘工具上方设置一个上方点作为中间过渡点。因此，取吸盘工具的路径分解成运动到工作原点、运动到吸盘工具上方点、运动到吸盘工具处、取完吸盘后运动回吸盘工具上方点、再运动回工作原点。

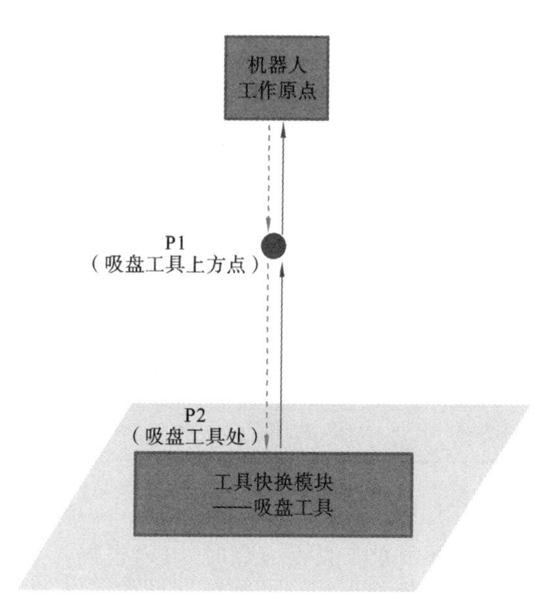

图 3-9　取吸盘工具路径规划

2）编程前准备

在开始取吸盘工具编程之前，还需要进行如下准备和确认：

(1) 确保当前工业机器人末端无工具;

(2) 确保吸盘工具正确地放置在快换工具台上;

(3) 确保气路可正常供气且气路通畅;

(4) 确保工业机器人快换功能正常。

3) 程序示教

取吸盘工具的程序较简单,主要用到运动指令、IO 指令、延时指令。

表 3-3 为取吸盘工具程序示例。

表 3-3　取吸盘工具程序示例

程序名	QXP. PRG	
序号	程序	说明
1	J JR[0]	运动到工业机器人工作原点(提前把工作原点位置保存到 JR[0]寄存器内)
2	DO[9]=OFF	状态复位,保证工业机器人末端处于快换松的状态
3	DO[8]=ON	
4	WAIT TIME=500	延时 500 ms
5	J P[1]	运动至吸盘工具上方点 P1
6	L P[2]	运动至吸盘工具处 P2
7	DO[8]=OFF	快换紧,吸取吸盘工具
8	DO[9]=ON	
9	WAIT TIME=500	延时 500 ms,确保成功取上吸盘工具
10	L P[1]	运动回吸盘工具上方点
11	J JR[0]	运动回工业机器人工作原点

在上述程序中,有以下几点需要特别注意。

(1) 从工作原点运动到吸盘工具上方点时,可以根据工业机器人工作原点和吸盘工具上方点的实际情况添加中间过渡点以及选用关节运动"J"指令或直线运动"L"指令。

(2) 吸盘工具上方点 P1 一定要在吸盘工具处 P2 的垂直上方,这样可以保证工业机器人从吸盘工具上方点运动到吸盘工具处时不发生碰撞,且能准确地把尖锥插入工具的凹槽中，此处一定要用直线运动“L”指令。另外，此处可以先获取吸盘工具处的位置，再在世界坐标系下通过移动 Z 方向获得吸盘工具上方点位置。

（3）同样，从吸盘工具上方点运动回工业机器人工作原点时，也可以根据实际情况设置中间过渡点。

（4）在从工业机器人工作原点到吸取吸盘工具的路径，与吸取上吸盘工具从吸盘工具处回到机器人工作原点的路径上，尽量共用中间过渡点，这样可以节约示教程序找点的时间。

（5）在工业机器人末端工具快换信号执行后，一定要延时一段时间，以确保能稳定吸取吸盘工具。

4）程序调试及运行

程序调试运行操作步骤如下：

（1）检查程序指令格式；

（2）检查工业机器人动作规划；

（3）加载程序，查看工业机器人是否报错；

（4）将工业机器人运行速度调整至10%，开单步运行程序；

（5）如无问题，将运行速度调整到30%，手动运行程序；

（6）如无问题，将运行速度调整到10%，自动运行程序；

（7）完成程序调试及运行。

2. 放吸盘工具

1）运动规划

放吸盘工具的任务规划、动作规划以及路径规划与取吸盘工具类似，只是把取改成放，并且不用复位快换的松紧状态。

2）编程前准备

在开始放吸盘工具编程之前，还需要进行如下准备和确认：

（1）确保当前工业机器人末端正确安装了吸盘工具；

（2）确保快换工具台上吸盘工具放置点处于空闲无杂物状态；

（3）确保气路可正常供气且气路通畅。

3）程序示教

放吸盘工具的程序与取吸盘工具的程序类似，较简单，主要用到运动指令、IO指令、延时指令。

表3-4为放吸盘工具程序示例。

表 3-4　放吸盘工具程序示例

程序名	FXP. PRG	
序号	程序	说明
1	J JR[0]	工业机器人回到工作原点
2	J P[1]	运动到吸盘工具上方点 P1
3	L P[2]	运动至吸盘工具处 P2
4	DO[9]=OFF	快换松，放置吸盘工具
5	DO[8]=ON	
6	WAIT TIME=500	延时 500 ms，确保松开吸盘工具
7	L P[1]	运动回吸盘工具上方点 P1
8	J JR[0]	运动回工业机器人工作原点

在放吸盘工具的示教编程中，为了避免重复点位示教而浪费时间，可以共用取吸盘工具程序的点位。复制取吸盘工具的程序，可以把取吸盘工具的点位复制到新程序，再根据实际运动规划，修改复制过来的程序即可。

拓展训练

请参照吸盘工具的取放编程任务，完成绘图笔工具自动取放程序的示教编程，并将取绘图笔工具的程序命名为 QHTB. PRG，将放绘图笔工具的程序命名为 FHTB. PRG。

任务二　弧口夹具取放

在电机装配实训项目中，会用到弧口夹具来抓取关节底座工件。

任务描述

编写弧口夹具的自动取放程序，且在取完或放完工具后让工业机器人回到工作原点位置。

任务准备

1. 工业机器人工具快换功能

此处工具快换方式与吸盘工具一样，也是采用 DO[8]和 DO[9]进行工具快换松和快换紧的状态切换。

2. 弧口夹具取放工件功能

弧口夹具抓取工件和放置工件均通过气动信号来控制，需要用到 IO 信号通道，如表 3-5 所示，DO[11]和 DO[10]是弧口夹具夹紧和松开的信号通道。当 DO[10]=OFF 且 DO[11]=ON，表示弧口夹具夹紧，能够夹取工件；当 DO[11]=OFF 且 DO[10]=ON，表示弧口夹具松开，要放置工件。直口夹具取放工件的信号配置与弧口夹具的一致。

表 3-5　弧口夹具工作信号

机器人 IO 模块	功能
DO[10]=ON,DO[11]=OFF	弧口夹具松开
DO[11]=ON,DO[10]=OFF	弧口夹具夹紧

任务实施

1. 取弧口夹具

1）运动规划

(1) 任务规划。

取弧口夹具的任务规划与取吸盘工具的任务规划类似，主要包括取弧口夹具和回工作原点两个子任务。

(2) 动作规划。

取弧口夹具的动作规划与取吸盘工具的类似，但是多了对弧口夹具进行状态复位的动作，具体如图 3-10 所示。

(3) 路径规划。

取弧口夹具的动作规划与取吸盘工具的大致类似，但是存在一定差别。如图

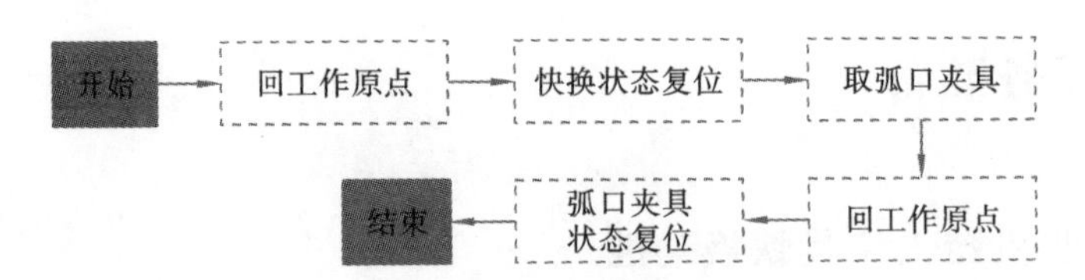

图 3-10　取弧口夹具动作规划

3-11 所示，弧口夹具不能像吸盘工具那样直接往上提起，否则会与快换工具台发生碰撞。因此，在取弧口夹具时，需要设置好路径上的过渡点和安全点，先往上一定距离，再往外移动，最后往上提起。

因此，取弧口夹具的路径分解成运动到工作原点、运动到弧口夹具上方点、运动到弧口夹具处、取完弧口夹具后往上方运动、往前方运动、再往上方运动、最后运动回工作原点，如图 3-12 所示。

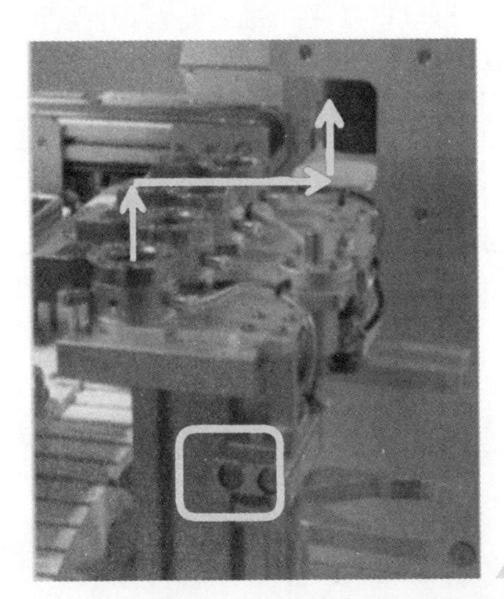

图 3-11　弧口夹具与快换工具台的相对位置

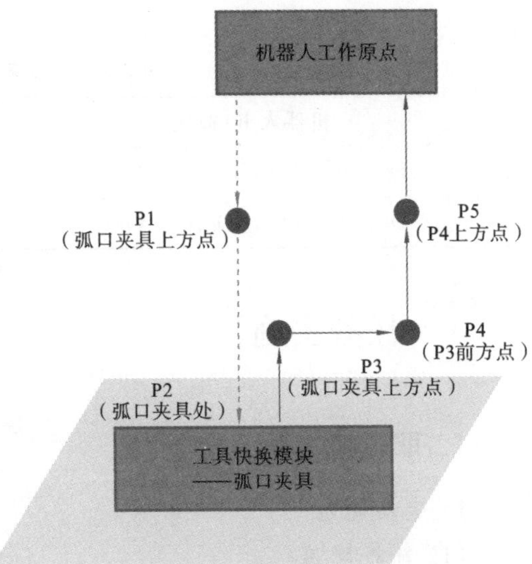

图 3-12　取弧口夹具路径规划

2）编程前准备

在开始取弧口夹具编程之前，还需要进行如下准备和确认：

(1) 确保当前工业机器人末端无工具；

(2) 确保弧口夹具正确地放置在快换工具台上；

(3) 确保气路可正常供气且气路通畅；

(4) 确保工业机器人快换功能正常。

3) 程序示教

取弧口夹具的程序较简单，主要用到运动指令、IO 指令、延时指令，但是路径点位较多。

表 3-6 为取弧口夹具程序示例。

表 3-6　取弧口夹具程序示例

程序名	QHKJJ. PRG	
序号	程序	说明
1	J JR[0]	工业机器人回到工作原点
2	DO[9]=OFF	状态复位，保证工业机器人末端处于快换松的状态
3	DO[8]=ON	
4	WAIT TIME=500	延时 500 ms
5	J P[1]	运动到弧口夹具上方点 P1
6	L P[2]	运动至弧口夹具处 P2
7	DO[8]=OFF	快换紧，吸取弧口夹具
8	DO[9]=ON	
9	WAIT TIME=500	延时 500 ms，确保快换接头吸取上弧口夹具
10	L P[3]	运动到弧口夹具上方点 P3
11	L P[4]	运动到 P3 前方点 P4
12	L P[5]	运动至 P4 上方点 P5
13	J JR[0]	运动回工业机器人工作原点
14	DO[10]=ON	弧口夹具夹爪复位到松开的状态
15	DO[11]=OFF	
16	WAIT TIME=500	延时 500 ms

在上述程序中，有以下几点需要特别注意。

(1) 从工作原点运动到弧口夹具上方点 P1 时，可以根据工业机器人工作原点和弧口夹具上方点的实际情况添加中间过渡点以及选用关节运动“J”指令或直线运动“L”指令。

(2) 弧口夹具上方点 P1 一定要在弧口夹具垂直上方，这样可以保证工业机器人从弧口夹具上方点 P1 运动至弧口夹具处 P2 时不发生碰撞，此处一定要用直线运动“L”指令；另外，此处可以先获取弧口夹具处 P2 的坐标，再在世界坐标系下通过移动 Z 方向获得弧口夹具上方点 P1 的坐标。

(3) 弧口夹具上方点 P3 一定要在弧口夹具垂直上方，但要保证弧口夹具不会与快换工具台发生碰撞，这样可以保证工业机器人从弧口夹具处运动至弧口夹具上方点 P3 时不发生碰撞，此处一定要用直线运动“L”指令。

(4) P4 点一定要在 P3 点的正前方，且完全离开快换工具台，这样可以保证在此步运动和接下来的抬起运动中，工业机器人不会与快换工具台发生碰撞。

(5) 在工业机器人末端工具快换信号执行后，一定要延时一段时间，以确保能稳定吸取弧口夹具。

2. 放弧口夹具

1) 运动规划

放弧口夹具的任务规划、动作规划以及路径规划与取弧口夹具的类似，只是把取改成放，如图 3-13 和图 3-14 所示。同时还要注意，放的时候要从 P5 点到 P4 点再到 P3 点，最后到 P2 点，放完弧口夹具后，可以直接从 P2 点到 P1 点，再回到工作原点。此外，因为快换工具台空间有限，各工具相邻放置，为了避免相互占用空间，在放弧口夹具时，可以让夹具处于夹紧的状态。

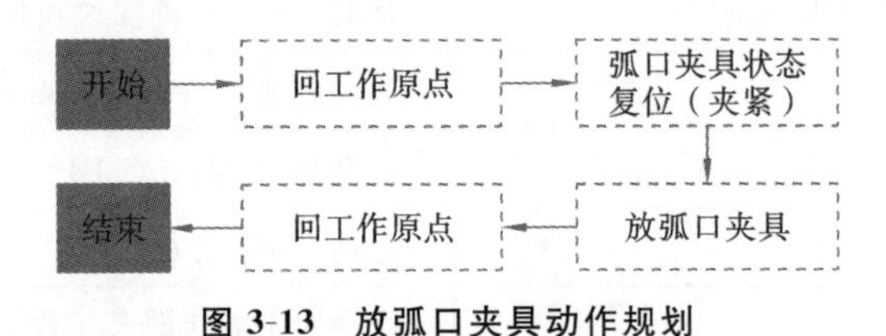

图 3-13　放弧口夹具动作规划

2) 编程前准备

在开始放弧口夹具编程之前，还需要进行如下准备和确认：

(1) 确保当前工业机器人末端正确安装了弧口夹具；

(2) 确保快换工具台上弧口夹具放置点处于空闲无杂物状态；

(3) 确保气路可正常供气且气路通畅。

3) 程序示教

放弧口夹具的程序与取弧口夹具的程序类似，主要用到运动指令、IO 指令、延时指令。

表 3-7 为放弧口夹具程序示例。

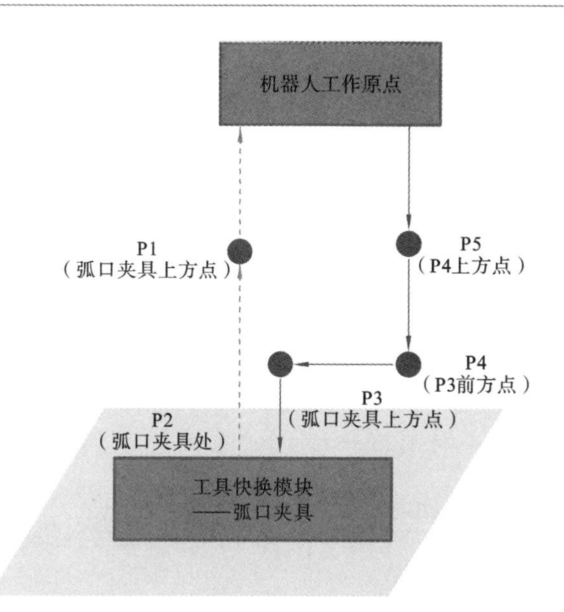

图 3-14　放弧口夹具路径规划

表 3-7　放弧口夹具程序示例

程序名	FHKJJ. PRG	
序号	程序	说明
1	J JR[0]	工业机器人回到工作原点
2	DO[10]=OFF	弧口夹具复位到夹紧状态
3	DO[11]=ON	
4	WAIT TIME=500	延时 500 ms
5	J P[5]	运动至 P5 点
6	L P[4]	运动至 P4 点
7	L P[3]	运动至 P3 点
8	L P[2]	运动至 P2 点
9	DO[9]=OFF	快换松，放下弧口夹具
10	DO[8]=ON	
11	WAIT TIME=500	延时 500 ms
12	L P[1]	运动至弧口夹具上方点 P1
13	J JR[0]	运动回工业机器人工作原点

在放弧口夹具的示教编程中，为了避免重复点位示教而浪费时间，可以共用取弧口夹具的点位。复制取弧口夹具的程序，可以把取弧口夹具的点位复制到新程序，再根据实际运动规划，修改复制过来的程序即可。

拓展训练

请参照弧口夹具的取放编程任务，完成直口夹具自动取放程序的示教编程，并将取直口夹具的程序命名为 QZKJJ. PRG，将放直口夹具的程序命名为 FZKJJ. PRG。

任务三　多工具快换

工业机器人是具备柔性生产能力的机械设备，在执行任务的过程中会根据工件以及操作环境的不同用到多种不同的末端工具。因此，工业机器人在一段操作程序中会经常取、放各种不同工具。

各工具的取放都是标准化的操作，因此，可以参照项目三的任务一和任务二，把各个工具的取放操作编辑成标准化的程序，这样在工业机器人实际应用编程中，我们就可以通过调用不同工具取放的子程序来实现多工具快换功能。

任务描述

在一段程序中实现工业机器人先取吸盘工具，并控制吸盘工具吸取 1000 ms 后松开；再取直口夹具并控制直口夹具夹紧 1000 ms 后松开；最后放下工具，回到工作原点位置。

任务实施

1）运动规划

多工具快换的任务规划可分解成取吸盘工具、吸盘工具工作 1000 ms、放吸盘工具、取直口夹具、直口夹具工作 1000 ms、放直口夹具几个子任务，如图 3-15 所示。

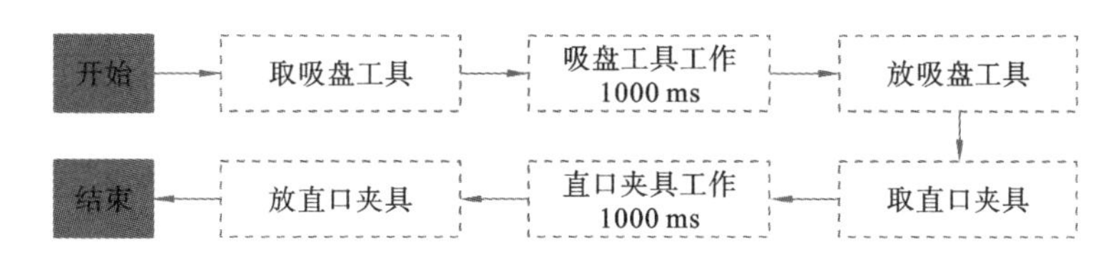

图 3-15　多工具快换任务规划

2）编程前准备

在开始多工具快换编程之前，还需要进行如下准备和确认：

（1）确保当前工业机器人末端未安装工具；

（2）确保快换工具台上各工具正确放置；

（3）确保气路可正常供气且气路通畅；

（4）确保工业机器人工具快换功能正常。

3）程序示教

多工具快换程序主要用到子程序调用指令。

表 3-8 为多工具快换程序示例。

表 3-8　多工具快换程序示例

程序名	GJKH. PRG	
序号	程序	说明
1	CALL “QXP. PRG”	调用取吸盘工具子程序，取吸盘工具
2	WAIT TIME=500	延时 500 ms
3	DO[12]=ON	吸盘工具工作，吸取工件
4	WAIT TIME=1000	延时 1000 ms
5	DO[12]=OFF	吸盘工具关闭，放置工件
6	WAIT TIME=500	延时 500 ms
7	CALL “FXP. PRG”	调用放吸盘工具子程序，放吸盘工具
8	WAIT TIME=500	延时 500 ms
9	CALL “QZKJJ. PRG”	调用取直口夹具子程序，取直口夹具
10	WAIT TIME=500	延时 500 ms
11	DO[10]=OFF	直口夹具夹紧，夹取工件
12	DO[11]=ON	

续表

程序名	GJKH. PRG	
序号	程序	说明
13	WAIT TIME=1000	延时 1000 ms
14	DO[11]=OFF	直口夹具松开,放置工件
15	DO[10]=ON	
16	WAIT TIME=500	延时 500 ms
17	CALL "FZKJJ. PRG"	调用放直口夹具子程序,放置直口夹具

项目四 工业机器人搬运和上下料工作站编程与调试

项目描述

搬运机器人广泛应用于汽车整车及汽车零部件、电气电子、工程机械、轨道交通、电力、军工、医药、冶金等行业，可用于机床上下料、冲压机自动化生产线、自动化装配流水线、码垛搬运、集装箱自动化搬运等生产环节，以提高生产效率、节省劳动力成本、提高定位精度并降低搬运过程中的产品损坏率。

在机械加工等领域中，工件的上下料是一件简单、枯燥但对生产效率和产品质量有较大影响的工序。新兴工业时代，上下料机器人能满足“快速、大批量加工节拍”“节省人力成本”“提高生产效率”等要求，成为越来越多工厂的理想选择。采用机器人进行上下料，不仅能将人从这项单调的工作中解放出来，还能满足不同种类产品的生产，大幅提升生产效率。

本项目通过对工业机器人搬运与上下料工作站的编程与调试的学习，使学生了解和熟悉相关编程指令、示教器的操作，具备对搬运与上下料机器人工作站进行调试、操作、编程及维护的能力。

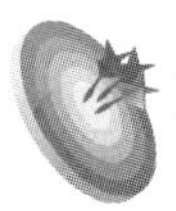

项目目标

(1) 能根据搬运或上下料任务进行工业机器人的运动规划。

(2) 能灵活运用工业机器人的相关编程指令，完成工业机器人搬运与上下料的程序编辑。

(3) 能完成搬运与上下料程序的调试和自动运行操作。

任务一　工业机器人工作站工件搬运

任务描述

把图 4-1 中的正方体工件搬运到放置区。工业机器人须从工作原点开始运行，搬运完成后返回到工作原点。工业机器人开始运行时未安装末端工具，搬运任务完成后自动把末端工具放回快换工具台。

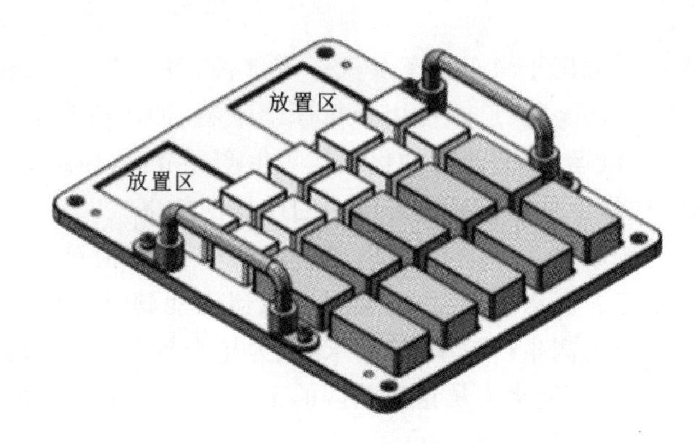

图 4-1　工件搬运任务

任务准备

本任务要对图 4-1 所示模块上的正方体工件进行搬运，在任务实施之前，要先选好所需的末端工具。正方体工件可以用吸盘工具、直口夹具进行取放，在此工作环境中，选用吸盘工具进行吸取、放置较为合适和便携，所以本任务选用吸盘工具。

任务实施

以 1 个正方体工件的搬运为例来讲解平面搬运操作与编程。

1. 运动规划

1）任务规划

如图 4-2 所示，工件搬运任务可分解为取工件、移动工件、放置工件等一系列子任务。

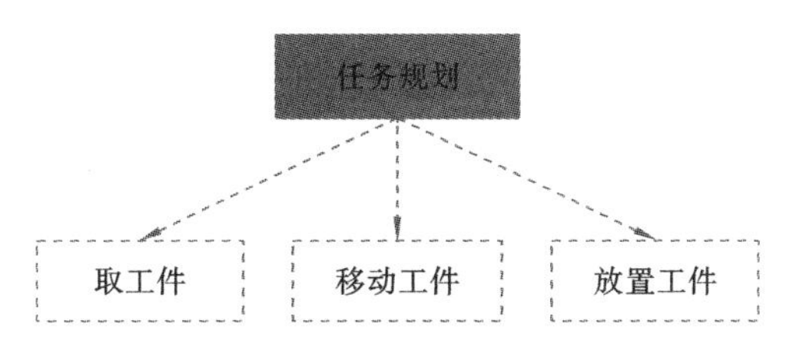

图 4-2　工件搬运任务规划

2）动作规划

根据图 4-2 所示的任务规划，整个工件搬运的动作可以分解成取吸盘工具、取工件、放工件、放吸盘工具等一系列动作，如图 4-3 所示。

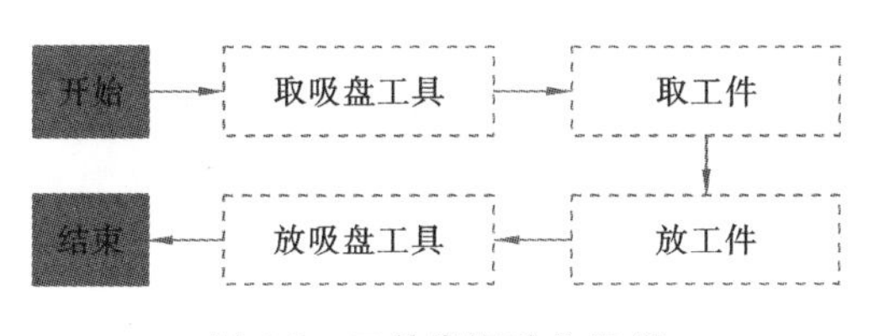

图 4-3　工件搬运动作规划

3）路径规划

根据图 4-3 所示的动作规划，工业机器人工件搬运的路径规划可按图 4-4 分解。因为工具取放操作在项目三中已详细介绍，所以本任务直接调用前面已编好的吸盘工具取放程序即可，此处就不对工具取放编程展开介绍。

2. 编程前准备

在开始平面搬运示教编程之前，还需要进行如下准备和确认：

（1）确保当前工业机器人末端未安装工具；

（2）确保快换工具台上正确放置吸盘工具；

（3）确保气路可正常供气且气路通畅；

（4）确保平面搬运模块按照要求放置好正方体工件。

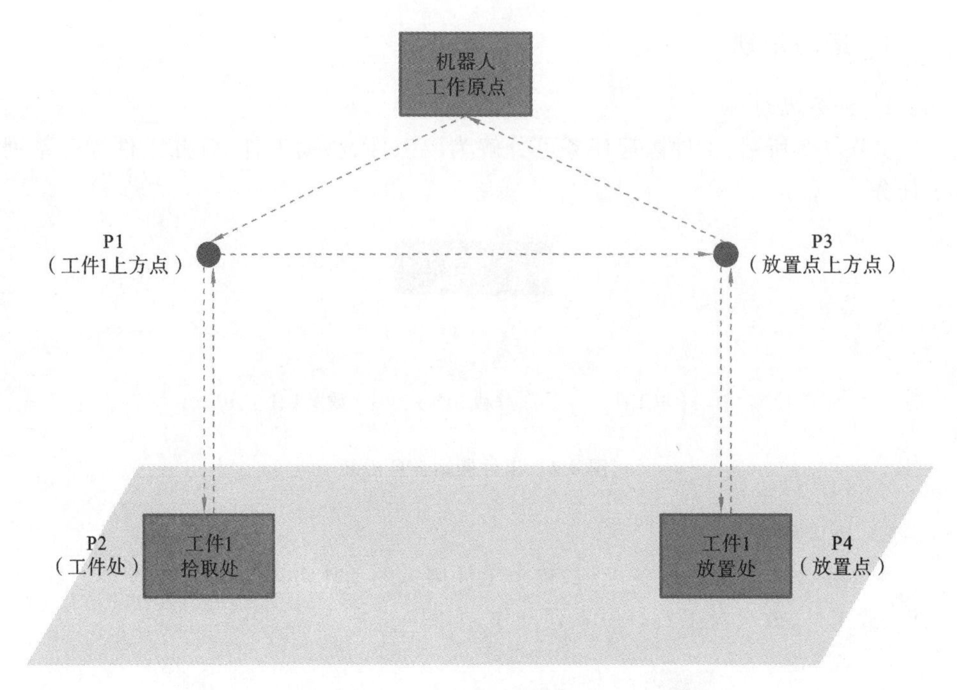

图 4-4　工件搬运路径规划

3. 程序示教

搬运工件会用到运动指令、IO 指令以及子程序调用指令，平面搬运程序示例见表 4-1。

表 4-1　平面搬运程序示例

程序名	BY. PRG	
序号	程序	说明
1	CALL "QXP. PRG"	调用取吸盘工具子程序，取吸盘工具
2	WAIT TIME=500	延时 500 ms
3	J P[1]	运动到工件上方点 P1
4	L P[2]	运动到工件处 P2
5	DO[12]=ON	吸盘工具工作，吸取工件
6	WAIT TIME=500	延时 500 ms

续表

程序名	BY. PRG	
序号	程序	说明
7	L P[1]	运动到工件上方点 P1
8	L P[3]	运动到工件放置点上方点 P3
9	L P[4]	运动到工件放置点 P4
10	DO[12]=OFF	吸盘工具关闭，放置工件
11	WAIT TIME=500	延时 500 ms
12	L P[3]	运动到工件放置点上方点 P3
13	J JR[0]	运动回工业机器人工作原点
14	CALL"FXP. PRG"	调用放吸盘工具子程序

本任务中，工件拾取点和工件放置点是非常规则的矩阵排列，为节约获取示教点位的操作时间，可以只获取工件拾取点的坐标信息，通过寄存器指令和赋值指令对工件拾取点的 X、Y、Z 坐标数值加或减一定数值得到工件拾取点上方点、工件放置点上方点、工件放置点的坐标信息。

提前把工件拾取点的坐标保存到 LR[50]寄存器中，且提前测得工件拾取点和放置点在 Y 方向间隔 50 mm。

利用赋值指令和寄存器指令简化示教点位后的平面搬运程序示例如表 4-2 所示。

表 4-2　平面搬运优化程序示例

程序名	BY2. PRG	
序号	程序	说明
1	CALL "QXP. PRG"	调用取吸盘工具子程序，取吸盘工具
2	WAIT TIME=500	延时 500 ms
3	LR[51]=LR[50]	工件拾取点上方点为工件拾取位置 LR[50]往 Z 方向抬高 100 mm，将工件拾取点上方点的坐标保存到 LR[51]寄存器中
4	LR[51][2]=LR[51][2]+100	
5	LR[52]=LR[51]	工件放置点上方点为工件拾取点上方点位置 LR[51]往 Y 方向偏移 50 mm，将工件放置点上方点的坐标保存到 LR[52]寄存器中
6	LR[52][1]=LR[51][1]+50	

续表

程序名	BY2. PRG	
序号	程序	说明
7	LR[53]=LR[50]	工件放置点为工件拾取点位置 LR[50]往 Y 方向偏移 50 mm，将工件放置点的坐标保存到 LR[53]寄存器中
8	LR[53][1]=LR[50][1]+50	
9	J LR[51]	运动到工件拾取点上方点 P1
10	L LR[50]	运动到工件拾取点 P2
11	DO[12]=ON	吸盘工具工作，吸取工件
12	WAIT TIME=500	延时 500 ms
13	L LR[51]	运动到工件拾取点上方点 P1
14	L LR[52]	运动到工件放置点上方点 P3
15	L LR[53]	运动到工件放置点 P4
16	DO[12]=OFF	吸盘工具关闭，放置工件
17	WAIT TIME=500	延时 500 ms
18	L LR[52]	运动到工件放置点上方点 P3
19	J JR[0]	运动回工业机器人工作原点
20	CALL “FXP. PRG”	调用放吸盘工具子程序

拓展训练

请按照本任务要求，利用 5 个工件拾取点和放置点矩阵排列的特点，借助寄存器指令和赋值指令继续完成其余 4 个工件搬运的程序示教及调试运行。

任务二　工业机器人工作站上下料

任务描述

把图 4-5 中右侧料仓 A 库位的关节工件上料到左侧变位机装配模块上，等待

10 s(模拟机床加工时间)后，再把装配模块上的关节工件下料到料仓 B 库位。

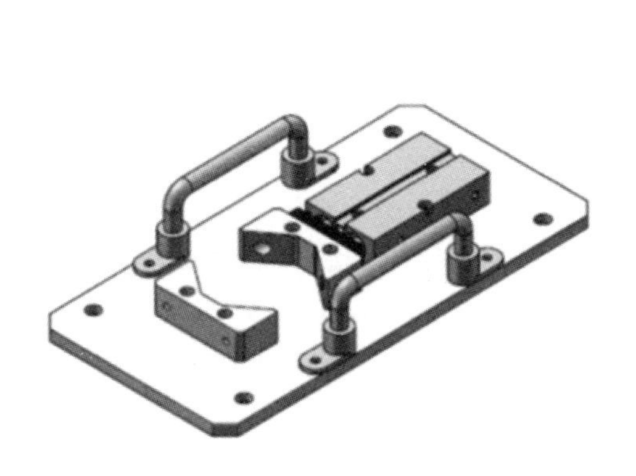

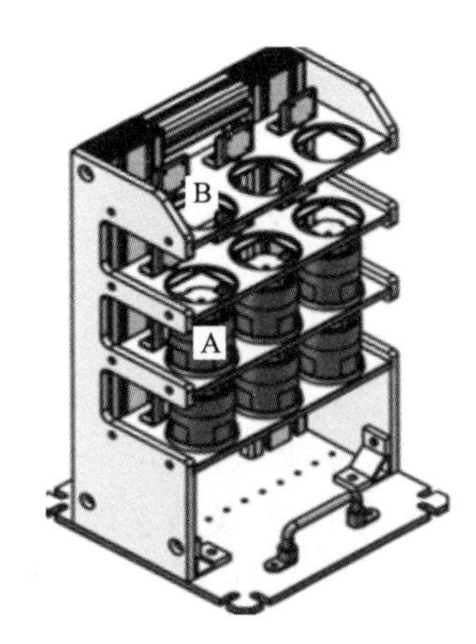

图 4-5　上下料任务

任务准备

1. 末端工具准备

本任务要利用料仓、变位机装配模块以及关节工件来模拟工业机器人的上下料工作，在任务实施之前，要先选好所需的末端工具。根据工作环境以及工件结构特征，选用弧口夹具来取放关节工件。

2. 装配模块准备

变位机装配模块为机器人组装零部件提供准确的操作工位，它通过气缸控制工件定位夹紧块的夹紧和松开，而气缸通过机器人控制器控制 IO 模块实现状态的切换，其信号设置如表 4-3 所示，其中工件定位夹紧块夹紧通过 DO[49]信号来控制，工件定位夹紧块松开通过 DO[51]信号来控制。

表 4-3　变位机装配模块工作信号 IO 设置

机器人 IO 模块	功能
DO[49]=ON,DO[51]=OFF	气缸动作，工件定位夹紧块夹紧
DO[51]=ON,DO[49]=OFF	气缸关闭，工件定位夹紧块松开

当 DO[49]=OFF 且 DO[51]=ON 时，表示工件定位夹紧块松开，此时处于松开工件或者可以放置工件的状态；当 DO[51]=OFF 且 DO[49]=ON 时，表示工件定位夹紧块夹紧，此时处于夹紧工件的状态。

任务实施

1. 运动规划

1）任务规划

如图 4-6 所示，关节工件上下料任务可分解为从料仓拾取工件、上料到装配模块、等待加工完毕、下料并将工件放置到料仓中几个子任务。

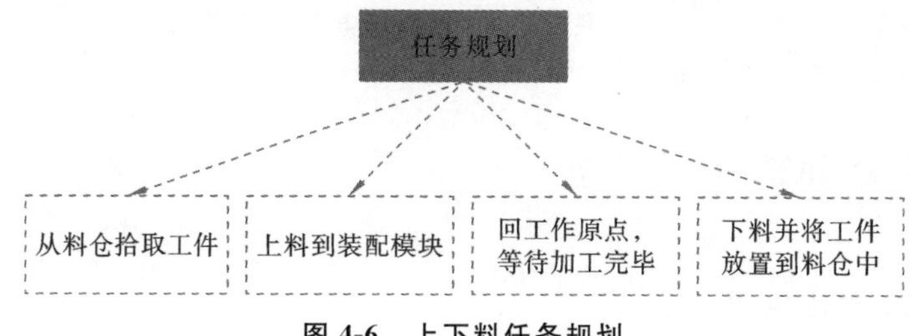

图 4-6　上下料任务规划

2）动作规划

根据图 4-6 所示的任务规划，整个上下料动作可以分解成取弧口夹具、状态复位、拾取工件、将工件放置到装配模块上、装配模块夹紧、等待加工完毕、装配模块松开及下料、将工件放置到料仓中、放弧口夹具这几个动作，如图 4-7 所示。

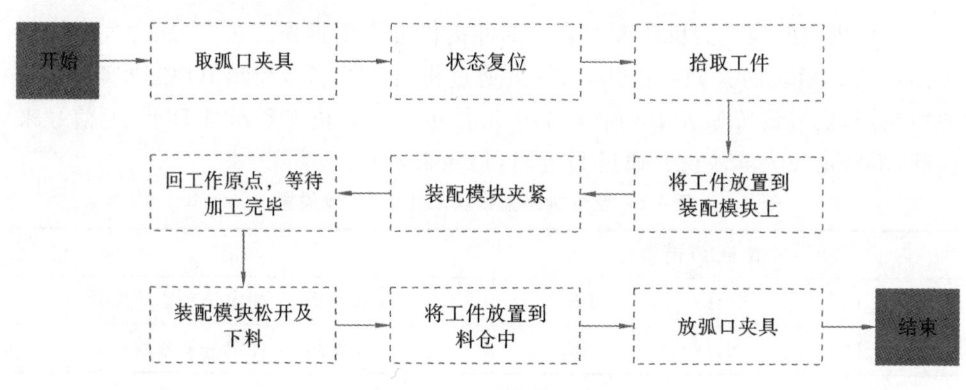

图 4-7　上下料动作规划

3）路径规划

根据图 4-7 所示的动作规划，工业机器人对关节工件进行上下料的路径规划可按图 4-8 分解。因为工具取放操作在项目三中已详细介绍，所以本任务直接调用前面已编好的弧口夹具取放程序即可，此处就不对工具取放编程展开介绍。在整个路径规划中，结合工业机器人的各动作，提醒要注意以下两点。

(1) 关节工件在料仓处的取放动作。在取关节工件时，要先抬高工件，再平移出料仓；在放关节工件时，要先平移到库位上方，再放进库位。

(2) 装配模块夹紧、松开和弧口夹具松开、夹紧的动作顺序。在上料时，运动到上下料点后，弧口夹具松开，并运行到上下料点上方点，然后装配模块夹紧工件；在下料时，先把弧口夹具运动到上下料放置点，并夹紧工件，然后装配模块松开工件。

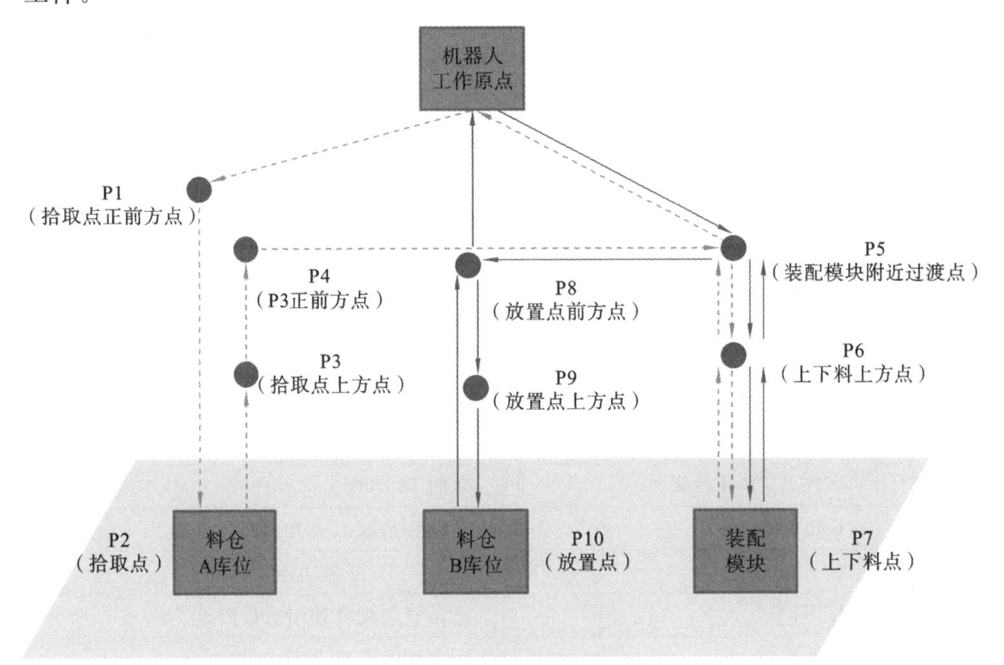

图 4-8 上下料路径规划

2. 编程前准备

在开始关节工件上下料示教编程之前，还需要进行如下准备和确认：

(1) 确保当前工业机器人末端未安装工具；

(2) 确保快换工具台上正确放置弧口夹具，且工具能正常工作；

(3) 确保变位机处于工作零位,变位机装配模块处于松开状态;

(4) 确保气路可正常供气且气路通畅;

(5) 确保料仓 A 库位正确放置关节工件,料仓 B 库位未放置工件。

3. 程序示教

关节工件上下料会用到运动指令、IO 指令以及子程序调用指令,程序示例如表 4-4 所示。

表 4-4 关节工件上下料程序示例

程序名	GJSXL. PRG	
序号	程序	说明
1	CALL "QHKJJ. PRG"	调用取弧口夹具子程序,取弧口夹具
2	DO[11]=OFF	状态初始化,确保弧口夹具处于松开待夹取状态
3	DO[10]=ON	
4	DO[49]=OFF	状态初始化,确保变位机装配模块处于松开待夹紧状态
5	DO[51]=ON	
6	WAIT TIME=500	延时 500 ms
7	J P[1]	运动到拾取点正前方点 P1
8	L P[2]	运动到拾取点 P2
9	DO[10]=OFF	弧口夹具夹紧,夹取工件
10	DO[11]=ON	
11	WAIT TIME=500	延时 500 ms
12	L P[3]	运动到拾取点上方点 P3
13	L P[4]	运动到 P3 正前方点 P4
14	L P[5]	运动到装配模块附近过渡点 P5
15	L P[6]	运动到上下料上方点 P6
16	L P[7]	运动到上下料点 P7
17	DO[11]=OFF	弧口夹具松开,放置工件
18	DO[10]=ON	
19	WAIT TIME=500	延时 500 ms
20	L P[6]	运动到上下料上方点 P6

续表

程序名	GJSXL. PRG	
序号	程序	说明
21	DO[51]=OFF	变位机装配模块夹紧
22	DO[49]=ON	
23	L P[5]	运动到装配模块附近过渡点 P5
24	J JR[0]	运动到机器人工作原点
25	WAIT TIME=10000	延时 10 s
26	J P[5]	运动到装配模块附近过渡点 P5
27	L P[6]	运动到上下料上方点 P6
28	L P[7]	运动到上下料点 P7
29	DO[10]=OFF	弧口夹具夹紧,夹取工件
30	DO[11]=ON	
31	WAIT TIME=500	延时 500 ms
32	DO[49]=OFF	变位机装配模块松开
33	DO[51]=ON	
34	WAIT TIME=500	延时 500 ms
35	L P[6]	运动到上下料上方点 P6
36	L P[5]	运动到装配模块附近过渡点 P5
37	L P[8]	运动到放置点前方点 P8
38	L P[9]	运动到放置点上方点 P9
39	L P[10]	运动到放置点 P10
40	DO[11]=OFF	弧口夹具松开,放置工件
41	DO[10]=ON	
42	WAIT TIME=500	延时 500 ms
43	L P[8]	运动到放置点前方点 P8
44	J JR[0]	运动到机器人工作原点
45	CALL“FHKJJ. PRG”	调用放弧口夹具子程序,放弧口夹具

考虑到后续任务，把关节工件上下料程序分解成上料子程序和下料子程序，如表 4-5 和表 4-6 所示。

表 4-5　关节工件上料程序示例

<table>
<tr><td>程序名</td><td colspan="2">GJSL. PRG</td></tr>
<tr><td>序号</td><td>程序</td><td>说明</td></tr>
<tr><td>1</td><td>CALL “QHKJJ. PRG”</td><td>调用取弧口夹具的子程序，取弧口夹具</td></tr>
<tr><td>2</td><td>DO[11]=OFF</td><td rowspan="2">状态初始化，确保弧口夹具处于松开待夹取状态</td></tr>
<tr><td>3</td><td>DO[10]=ON</td></tr>
<tr><td>4</td><td>DO[49]=OFF</td><td rowspan="2">状态初始化，确保变位机装配模块处于松开待夹紧状态</td></tr>
<tr><td>5</td><td>DO[51]=ON</td></tr>
<tr><td>6</td><td>WAIT TIME=500</td><td>延时 500 ms</td></tr>
<tr><td>7</td><td>J P[1]</td><td>运动到拾取点正前方点 P1</td></tr>
<tr><td>8</td><td>L P[2]</td><td>运动到拾取点 P2</td></tr>
<tr><td>9</td><td>DO[10]=OFF</td><td rowspan="2">弧口夹具夹紧，夹取工件</td></tr>
<tr><td>10</td><td>DO[11]=ON</td></tr>
<tr><td>11</td><td>WAIT TIME=500</td><td>延时 500 ms</td></tr>
<tr><td>12</td><td>L P[3]</td><td>运动到拾取点上方点 P3</td></tr>
<tr><td>13</td><td>L P[4]</td><td>运动到 P3 正前方点 P4</td></tr>
<tr><td>14</td><td>L P[5]</td><td>运动到装配模块附近过渡点 P5</td></tr>
<tr><td>15</td><td>L P[6]</td><td>运动到上下料上方点 P6</td></tr>
<tr><td>16</td><td>L P[7]</td><td>运动到上下料点 P7</td></tr>
<tr><td>17</td><td>DO[11]=OFF</td><td rowspan="2">弧口夹具松开，放置工件</td></tr>
<tr><td>18</td><td>DO[10]=ON</td></tr>
<tr><td>19</td><td>WAIT TIME=500</td><td>延时 500 ms</td></tr>
<tr><td>20</td><td>L P[6]</td><td>运动到上下料上方点 P6</td></tr>
<tr><td>21</td><td>DO[51]=OFF</td><td rowspan="2">变位机装配模块夹紧</td></tr>
<tr><td>22</td><td>DO[49]=ON</td></tr>
<tr><td>23</td><td>L P[5]</td><td>运动到装配模块附近过渡点 P5</td></tr>
<tr><td>24</td><td>J JR[0]</td><td>运动到机器人工作原点</td></tr>
<tr><td>25</td><td>CALL “FHKJJ. PRG”</td><td>调用放弧口夹具子程序，放弧口夹具</td></tr>
</table>

表 4-6　关节工件下料程序示例

程序名	GJXL. PRG	
序号	程序	说明
1	CALL “QHKJJ. PRG”	调用取弧口夹具子程序，取弧口夹具
2	DO[11]=OFF	状态初始化，确保弧口夹具处于松开待夹取状态
3	DO[10]=ON	
4	WAIT TIME=500	延时 500 ms
5	J P[5]	运动到装配模块附近过渡点 P5
6	L P[6]	运动到上下料上方点 P6
7	L P[7]	运动到上下料点 P7
8	DO[10]=OFF	弧口夹具夹紧，夹取工件
9	DO[11]=ON	
10	WAIT TIME=500	延时 500 ms
11	DO[49]=OFF	变位机装配模块松开
12	DO[51]=ON	
13	WAIT TIME=500	延时 500 ms
14	L P[6]	运动到上下料上方点 P6
15	L P[5]	运动到装配模块附近过渡点 P5
16	L P[8]	运动到放置点前方点 P8
17	L P[9]	运动到放置点上方点 P9
18	L P[10]	运动到放置点 P10
19	DO[11]=OFF	弧口夹具松开，放置工件
20	DO[10]=ON	
21	WAIT TIME=500	延时 500 ms
22	L P[8]	运动到放置点前方点 P8
23	J JR[0]	运动到机器人工作原点
24	CALL “FHKJJ. PRG”	调用放弧口夹具子程序，放弧口夹具

项目五　工业机器人码垛工作站编程与调试

项目描述

码垛机器人广泛应用于物流、食品、医药等领域，可提高生产效率、节省劳动力成本、提高定位精度并降低码垛过程中的产品损坏率。

本项目通过对工业机器人码垛工作站编程与调试的学习，使学生掌握相关指令、示教器的操作，具备机器人码垛工作站操作与编程的能力。

项目目标

（1）能根据码垛任务进行工业机器人运动规划。

（2）能灵活运用工业机器人的相关编程指令，完成码垛的程序编辑。

（3）能完成码垛程序的调试和自动运行操作。

任务一　工业机器人工作站单层码垛

任务描述

在图 5-1(a)所示的码垛模块中，按照图 5-1(b)所示码垛要求把码垛模块中的工件放置到码垛区。

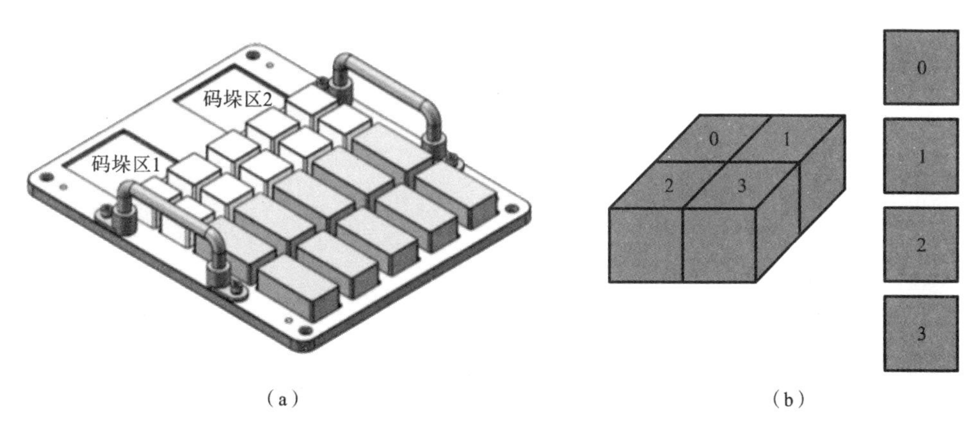

(a)　　　　　　(b)

图 5-1　单层码垛任务

任务准备

1. 末端工具准备

在本任务实施之前，要先选好所需的末端工具。码垛模块上的正方体工件可以用吸盘工具、直口夹具进行取放。而在此工作环境中，选用吸盘工具进行吸取、放置较为合适和便携，所以本任务选用吸盘工具。

2. 码垛算法

利用点位示教可以完成本次码垛任务，但是如果要码垛的工件数量非常多，一个一个的点位示教非常耗费时间，因此本任务采用码垛算法来完成工件的码垛任务。

1）单排取料编程算法

如图 5-1 所示，取料区正方体工件边长为 40 mm，两个相邻仓位中心点间距相同，均为 50 mm。如果知道工件 0 的取料点是 P0，那么此排工件 X 的取料坐标就是 P0 点的坐标在 X 方向增加 $X\times50$ mm；这样只需要示教出工件 0 的坐标就可以通过计算得到此排任意仓位上工件的取料坐标。同时，取料点上方点默认是取料点上方 100 mm 处，也就是取料坐标在 Z 方向增加 100 mm。

假设工件 0 的坐标值为 LR[100]，同排工件 X 的取料坐标为 LR[10X]，那么通过如下算法即可得到 LR[10X]：

LR[10X]=LR[100]

LR[10X][0]=LR[100][0]+X*50

假设工件 X 取料点上方点坐标为 LR[20X],那么通过如下算法可以得到 LR[20X]:

LR[20X]=LR[10X]

LR[20X][2]=LR[10X][2]+100

2) 多排放料编程算法

如图 5-1 所示,码垛区 4 个工件分成 2 排 2 列码垛在一起,相邻工件中心点间距相同,均为正方体工件的边长 40 mm。如果知道工件 0 放料点的坐标,那么可以通过 X/Y 坐标加 40 mm 得到其他 3 个工件放料点的坐标。

假设工件 0 放料点的坐标值为 LR[300],工件 X 放料点的坐标值为 LR[30X],工件 X 的行号保存到 IR[2]中,工件 X 的列号保存到 IR[3]中,那么通过如下算法即可得到 LR[30X]:

IR[2]=X/2

IR[3]=X-IR[2]*2

LR[30X]=LR[300]

LR[30X][0]=LR[300][0]+IR[2]*40

LR[30X][1]=LR[300][1]+IR[3]*40

假设工件 X 放料点上方点坐标为 LR[40X],那么通过如下算法可以得到 LR[40X]:

LR[40X]=LR[30X]

LR[40X][2]=LR[30X][2]+100

任务实施

1. 运动规划

工业机器人码垛任务可分解为吸取、移动、放置工件等一系列子任务。

2. 编程前准备

在开始单层码垛示教编程之前,还需要进行如下准备和确认:

(1) 确保当前工业机器人末端未安装工具;

(2) 确保快换工具台上正确放置吸盘工具;

(3) 确保气路可正常供气且气路通畅；

(4) 确保码垛模块按照要求放置好工件。

3. 程序示教

假设工件 0 取料点坐标为 LR[100]，工件 0 放料点坐标为 LR[300]，则本任务中 4 个工件的单层码垛程序示例如表 5-1 所示。

表 5-1　单层码垛程序示例

程序名	DCMD. PRG	
序号	程序	说明
1	CALL “QXP. PRG”	调用取吸盘工具子程序，取吸盘工具
2	WAIT TIME=500	延时 500 ms
3	LR[200]=LR[100]	工件 0 取料点上方点为取料点上方 100 mm 处，其坐标为 LR[200]
4	LR[200][2]=LR[100][2]+100	
5	LR[400]=LR[300]	工件 0 放料点上方点为放料点上方 100 mm 处，其坐标为 LR[400]
6	LR[400][2]=LR[300][2]+100	
7	J LR[200]	运动到工件 0 取料点上方点
8	L LR[100]	运动到工件 0 取料点
9	DO[12]=ON	吸盘工具工作，吸取工件
10	WAIT TIME=500	延时 500 ms
11	L LR[200]	运动到工件 0 取料点上方点
12	L LR[400]	运动到工件 0 放料点上方点
13	L LR[300]	运动到工件 0 放料点
14	DO[12]=OFF	吸盘工具关闭，放置工件
15	WAIT TIME=500	延时 500 ms
16	L LR[400]	运动到工件 0 放料点上方点
17	LR[101]=LR[100]	工件 1 取料点为工件 0 取料点往 *X* 方向偏移 50 mm，其坐标为 LR[101]
18	LR[101][0]=LR[100][0]+1*50	
19	LR[201]=LR[101]	工件 1 取料点上方点为取料点上方 100 mm 处，其坐标为 LR[201]
20	LR[201][2]=LR[101][2]+100	

续表

程序名	DCMD. PRG	
序号	程序	说明
21	IR[2]=1/2	工件1放料点在第0行
22	IR[3]=1-IR[2]*2	工件1放料点在第1列
23	LR[301]=LR[300]	工件1放料点坐标为LR[301]
24	LR[301][0]=LR[300][0]+IR[2]*40	
25	LR[301][1]=LR[300][1]+IR[3]*40	
26	LR[401]=LR[301]	工件1放料点上方点为放料点上方100 mm处,其坐标为LR[401]
27	LR[401][2]=LR[301][2]+100	
28	L LR[201]	运动到工件1取料点上方点
29	L LR[101]	运动到工件1取料点
30	DO[12]=ON	吸盘工具工作,吸取工件
31	WAIT TIME=500	延时500 ms
32	L LR[201]	运动到工件1取料点上方点
33	L LR[401]	运动到工件1放料点上方点
34	L LR[301]	运动到工件1放料点
35	DO[12]=OFF	吸盘工具关闭,放置工件
36	WAIT TIME=500	延时500 ms
37	L LR[401]	运动到工件1放料点上方点
38	LR[102]=LR[100]	工件2取料点为工件0取料点往*X*方向偏移2×50 mm,其坐标为LR[102]
39	LR[102][0]=LR[100][0]+2*50	
40	LR[202]=LR[102]	工件2取料点上方点为取料点上方100 mm处,其坐标为LR[202]
41	LR[202][2]=LR[102][2]+100	
42	IR[2]=2/2	工件2放料点在第1行
43	IR[3]=2-IR[2]*2	工件2放料点在第0列
44	LR[302]=LR[300]	工件2放料点坐标为LR[302]
45	LR[302][0]=LR[300][0]+IR[2]*40	
46	LR[302][1]=LR[300][1]+IR[3]*40	

续表

程序名	DCMD. PRG	
序号	程序	说明
47	LR[402]=LR[302]	工件 2 放料点上方点为放料点上方 100 mm 处,其坐标为 LR[402]
48	LR[402][2]=LR[302][2]+100	
49	L LR[202]	运动到工件 2 取料点上方点
50	L LR[102]	运动到工件 2 取料点
51	DO[12]=ON	吸盘工具工作,吸取工件
52	WAIT TIME=500	延时 500 ms
53	L LR[202]	运动到工件 2 取料点上方点
54	L LR[402]	运动到工件 2 放料点上方点
55	L LR[302]	运动到工件 2 放料点
56	DO[12]=OFF	吸盘工具关闭,放置工件
57	WAIT TIME=500	延时 500 ms
58	L LR[402]	运动到工件 2 放料点上方点
59	LR[103]=LR[100]	工件 3 取料点为工件 0 取料点往 *X* 方向偏移 3×50 mm,其坐标为 LR[103]
60	LR[103][0]=LR[100][0]+3*50	
61	LR[203]=LR[103]	工件 3 取料点上方点为取料点上方 100 mm 处,其坐标为 LR[203]
62	LR[203][2]=LR[103][2]+100	
63	IR[2]=3/2	工件 3 放料点在第 1 行
64	IR[3]=3-IR[2]*2	工件 3 放料点在第 1 列
65	LR[303]=LR[300]	工件 3 放料点坐标为 LR[303]
66	LR[303][0]=LR[300][0]+IR[2]*40	
67	LR[303][1]=LR[300][1]+IR[3]*40	
68	LR[403]=LR[303]	工件 3 放料点上方点为放料点上方 100 mm 处,其坐标为 LR[403]
69	LR[403][2]=LR[303][2]+100	
70	L LR[203]	运动到工件 3 取料点上方点
71	L LR[103]	运动到工件 3 取料点

续表

程序名	DCMD. PRG	
序号	程序	说明
72	DO[12]=ON	吸盘工具工作,吸取工件
73	WAIT TIME=500	延时 500 ms
74	L LR[203]	运动到工件 3 取料点上方点
75	L LR[403]	运动到工件 3 放料点上方点
76	L LR[303]	运动到工件 3 放料点
77	DO[12]=OFF	吸盘工具关闭,放置工件
78	WAIT TIME=500	延时 500 ms
79	L LR[403]	运动到工件 3 放料点上方点
80	J JR[0]	运动回工业机器人工作原点
81	CALL "FXP. PRG"	调用放吸盘工具子程序

上述程序虽然只需要示教工件 0 取料点和放料点两个点位,但是工件 1、工件 2 和工件 3 都需要分别计算其行数和列数来得到其取料点和放料点的坐标,且每个工件的码垛都需要重写一遍程序,仅仅码垛 4 个工件就用了 80 多行程序代码,如果工件数量达到上百个,那程序就会非常长和复杂。仔细观察每个工件的取料点和放料点的坐标计算公式以及码垛程序,就可以发现其内在逻辑都是一样的,主要是工件序号存在差异。因此,我们可以借助变量以及循环指令来简化此码垛程序。

假设 IR[1]用来保存工件号,LR[100]为工件 0 取料点的坐标,LR[300]为工件 0 放料点的坐标,LR[101]为工件 X 取料点的坐标,LR[201]为工件 X 取料点上方 100 mm 处的坐标,LR[301]为工件 X 放料点的坐标,LR[401]为工件 X 放料点上方 100 mm 处的坐标,那么简化之后的码垛程序如表 5-2 所示。

表 5-2　单层码垛优化程序示例

程序名	DCMD2. PRG	
序号	程序	说明
1	CALL "QXP. PRG"	调用取吸盘工具子程序,取吸盘工具
2	WAIT TIME=500	延时 500 ms

续表

程序名	DCMD2.PRG	
序号	程序	说明
3	IR[1]=0	循环变量初始化
4	WHILE IR[1]<4	设置循环条件，取料位共4个工件依次排列，当编号从0依次加1，加到3时，动作完成后停止循环，完成所有工件的取料和码垛
5	LR[101]=LR[100]	计算出工件X的取料点坐标LR[101]
6	LR[101][0]=LR[100][0]+IR[1] * 50	
7	LR[201]=LR[101]	计算出工件X取料点上方点坐标LR[201]
8	LR[201][2]=LR[101][2]+100	
9	IR[2]=IR[1]/2	计算出工件X的放料点坐标LR[301]
10	IR[3]=IR[1]-IR[2] * 2	
11	LR[301]=LR[300]	
12	LR[301][0]=LR[300][0]+IR[2] * 40	
13	LR[301][1]=LR[300][1]+IR[3] * 40	
14	LR[401]=LR[301]	计算出工件X放料点上方点坐标LR[401]
15	LR[401][2]=LR[301][2]+100	
16	L LR[201]	运动到工件X取料点上方点LR[201]
17	L LR[101]	运动到工件X取料点LR[101]
18	DO[12]=ON	吸盘工具工作，吸取工件
19	WAIT TIME=500	延时500 ms
20	L LR[201]	运动到工件X取料点上方点LR[201]
21	L LR[401]	运动到工件X放料点上方点LR[401]
22	L LR[301]	运动到工件X放料点LR[301]
23	DO[12]=OFF	吸盘工具关闭，放置工件
24	WAIT TIME=500	延时500 ms
25	L LR[401]	运动到工件X放料点上方点LR[401]

续表

程序名	DCMD2. PRG	
序号	程序	说明
26	IR[1]=IR[1]+1	循环变量依次加 1
27	END WHILE	循环结束
28	J JR[0]	运动回工业机器人工作原点
29	CALL "FXP. PRG"	调用放吸盘工具子程序

借助循环变量以及循环指令，本码垛任务的程序从 81 行简化到了 29 行，大大提升了编程效率。

任务二　工业机器人工作站多层码垛

任务描述

在图 5-1(a)所示的码垛模块中，按照图 5-2 所示码垛要求将码垛模块中的工件放置到码垛区。

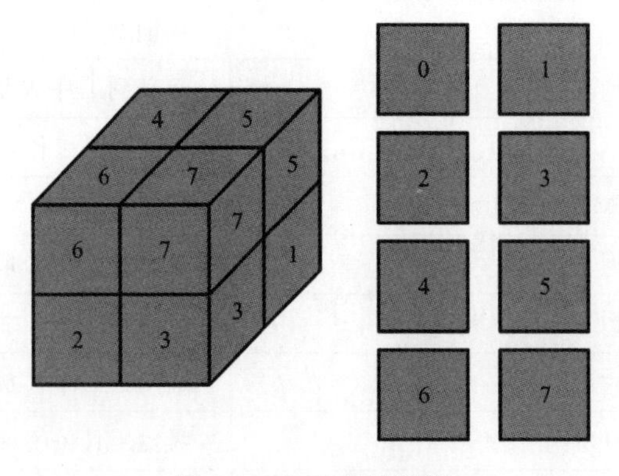

图 5-2　多层码垛任务

任务准备

1. 末端工具准备

在本任务实施之前，要先选好所需的末端工具。码垛模块上的正方体工件可以用吸盘工具、直口夹具进行取放。而在此工作环境中，选用吸盘工具进行吸取、放置较为合适和便携，所以本任务选用吸盘工具。

2. 码垛算法

项目五的任务一已经详细介绍了单层单排和单层多排的码垛算法，此处介绍多层多排的码垛算法。

如图 5-2 所示，放料区编号为 0～7 的 8 个工件分成 2 层 2 行 2 列码垛在一起，相邻工件中心点间距相同，均为正方体工件的边长 40 mm。如果知道工件 0 放料点的坐标，可以通过 $X/Y/Z$ 坐标加 40 mm 得到其他 7 个工件的放料点坐标。

假设工件 0 放料点的坐标值为 LR[300]，工件 X 放料点的坐标值为 LR[301]，工件 X 的序号保存到 IR[1]中，工件 X 的行号保存到 IR[2]中，工件 X 的列号保存到 IR[3]中，工件 X 的层号保存到 IR[4]中，工件 X 在其所在层的位置序号保存到 IR[5]中，那么通过如下算法即可得到 LR[301]：

IR[4]=IR[1]/4

IR[5]=IR[1]-IR[4] * 4

IR[2]=IR[5]/2

IR[3]=IR[5]-IR[2] * 2

LR[301]=LR[300]

LR[301][0]=LR[300][0]+IR[2] * 40

LR[301][1]=LR[300][1]+IR[3] * 40

LR[301][2]=LR[300][2]+IR[4] * 40

任务实施

基于以上多层多排的码垛算法，我们来进行多层码垛的程序编辑。

同样，假设 IR[1]用来保存工件号，LR[100]为工件 0 取料点的坐标，LR[300]为工件 0 放料点的坐标，LR[101]为工件 X 取料点的坐标，LR[201]为工件 X 取料点上方 100 mm 处的坐标，LR[301]为工件 *X* 放料点的坐标，LR[401]为工件 *X* 放料点上方 100 mm 处的坐标，IR[2]为工件 *X* 放料处的行号，IR[3]为工件 *X* 放料处的列号，IR[4]为工件 *X* 放料处的层号，IR[5]为工件 *X* 放料处所在层的位置序号，IR[6]为工件 *X* 取料处的行号，IR[7]为工件 *X* 取料处的列号，那么整个多层码垛程序如表 5-3 所示。

表 5-3　多层码垛程序示例

程序名	DUOCMD. PRG	
序号	程序	说明
1	CALL “QXP. PRG”	调用取吸盘工具子程序，取吸盘工具
2	WAIT TIME=500	延时 500 ms
3	IR[1]=0	循环变量初始化
4	WHILE IR[1]<8	设置循环条件，取料位共 8 个工件依次排列，当编号从 0 依次加 1，加到 7 时，动作完成后停止循环，完成所有工件的取料和码垛
5	IR[6]=IR[1]/2	计算出工件 *X* 的取料点坐标 LR[101]
6	IR[7]=IR[1]-IR[6] * 2	
7	LR[101]=LR[100]	
8	LR[101][0]=LR[100][0]+IR[6] * 50	
9	LR[101][1]=LR[100][1]+IR[7] * 50	
10	LR[201]=LR[101]	计算出工件 *X* 取料点上方点坐标 LR[201]
11	LR[201][2]=LR[101][2]+100	
12	IR[4]=IR[1]/4	计算出工件 *X* 的放料点坐标 LR[301]
13	IR[5]=IR[1]-IR[4] * 4	
14	IR[2]=IR[5]/2	
15	IR[3]=IR[5]-IR[2] * 2	
16	LR[301]=LR[300]	
17	LR[301][0]=LR[300][0]+IR[2] * 40	
18	LR[301][1]=LR[300][1]+IR[3] * 40	
19	LR[301][2]=LR[300][2]+IR[4] * 40	

续表

程序名	DUOCMD. PRG	
序号	程序	说明
20	LR[401]=LR[301]	计算出工件 X 放料点上方点坐标 LR[401]
21	LR[401][2]=LR[301][2]+100	
22	L LR[201]	运动到工件 X 取料点上方点 LR[201]
23	L LR[101]	运动到工件 X 取料点 LR[101]
24	DO[12]=ON	吸盘工具工作，吸取工件
25	WAIT TIME=500	延时 500 ms
26	L LR[201]	运动到工件 X 取料点上方点 LR[201]
27	L LR[401]	运动到工件 X 放料点上方点 LR[401]
28	L LR[301]	运动到工件 X 放料点 LR[301]
29	DO[12]=OFF	吸盘工具关闭，放置工件
30	WAIT TIME=500	延时 500 ms
31	L LR[401]	运动到工件 X 放料点上方点 LR[401]
32	IR[1]=IR[1]+1	循环变量依次加 1
33	END WHILE	循环结束
34	J JR[0]	运动回工业机器人工作原点
35	CALL “FXP. PRG”	调用放吸盘工具子程序

项目六　工业机器人电机装配工作站编程与调试

项目描述

工业机器人装配工作站是指使用一台或多台装配机器人，配有控制系统、辅助装置及周边设备，进行装配生产作业，从而达到完成特定工作任务的生产单元。

本项目通过对工业机器人电机装配工作站编程与调试的学习，使学生了解和熟悉相关编程指令、示教器的操作，具备机器人简单装配作业的操作及编程能力。

项目目标

（1）能根据装配任务选择末端工具并进行工业机器人的运动规划。

（2）能灵活运用工业机器人的相关编程指令，使用示教器完成电机装配的示教编程。

（3）能完成电机装配程序的调试和自动运行操作。

项目内容

如图 6-1 所示，完成 1 个电机壳体、1 个电机转子和 1 个电机盖板的装配和入库，具体要求如下：

（1）从电机装配模块上取 1 个电机壳体放置到变位机装配模块上固定；

（2）从电机装配模块上取 1 个电机转子装配到变位机装配模块上的电机壳体中；

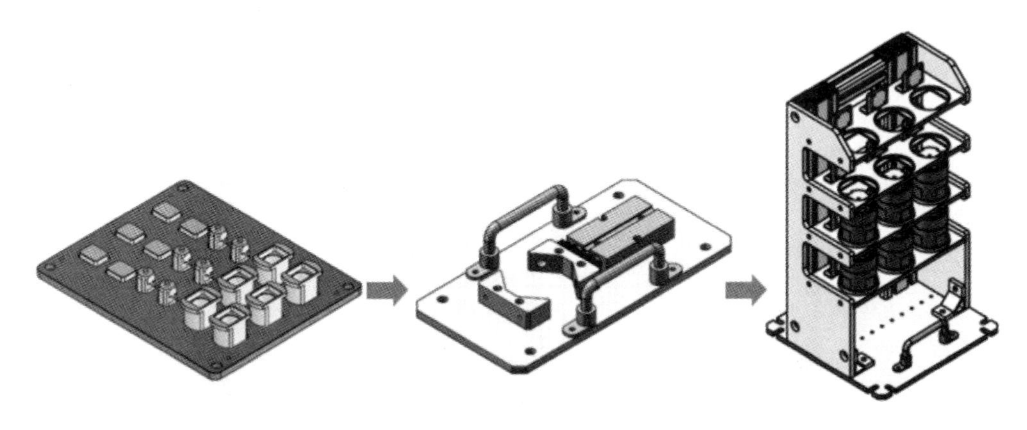

图 6-1　电机装配任务

(3) 从电机装配模块上取 1 个电机盖板装配到变位机装配模块上的电机转子上；

(4) 从变位机装配模块上抓取已装配好的电机成品(电机壳体、电机转子和电机盖板)，并将其搬运到料仓对应位置。

项目准备

1. 末端工具准备

本任务要对图 6-1 所示电机装配模块上的电机壳体、电机转子、电机盖板进行装配，在任务实施之前，要先选好所需的末端工具。根据工作环境以及工件结构特征，电机壳体和电机转子用直口夹具进行取放，电机盖板用吸盘工具进行取放。

2. 变位机模块准备

本任务是在变位机装配模块上开展的，为了简化装配操作，在此过程中可能会使用变位机模块来协助装配。变位机模块可以围绕中心轴转动±90°，其运动通过机器人附加轴 E2 来控制。如图 6-2 所示，切换到机器人附加轴，调节 E2 旁边的“＋”“－”运动键就可以控制变位机的工作角度。

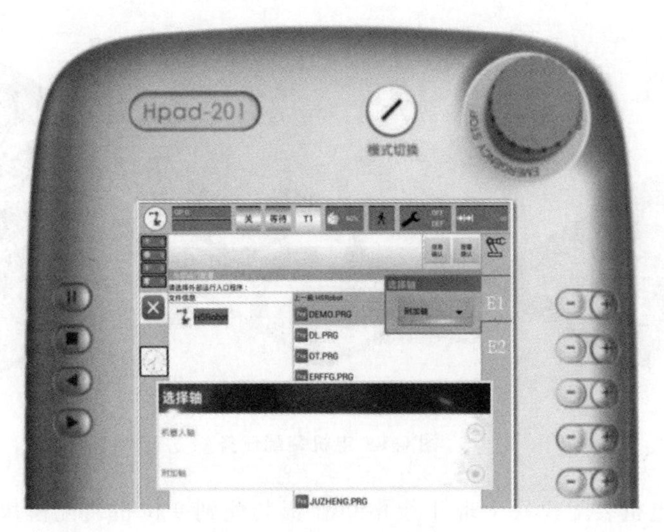

图 6-2　机器人附加轴调节

项目实施

1. 运动规划

1）任务规划

如图 6-3 所示，电机装配任务可分解为取放电机壳体到变位机装配模块、装电机转子、装电机盖板、放电机成品到料仓中这几个子任务。

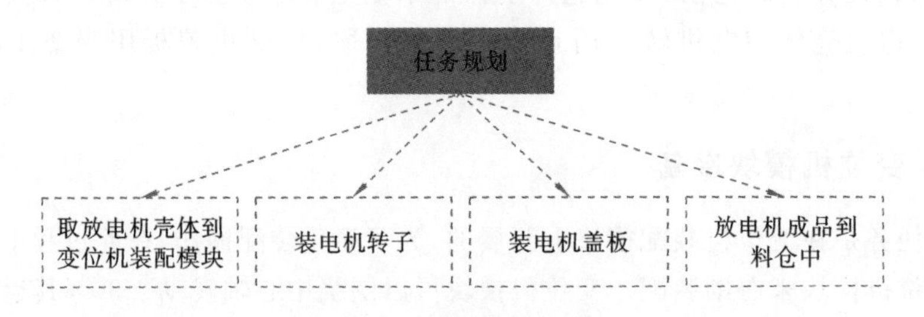

图 6-3　电机装配任务规划

2）动作规划

根据图 6-3 所示的任务规划，整个电机装配的动作规划如图 6-4 所示。

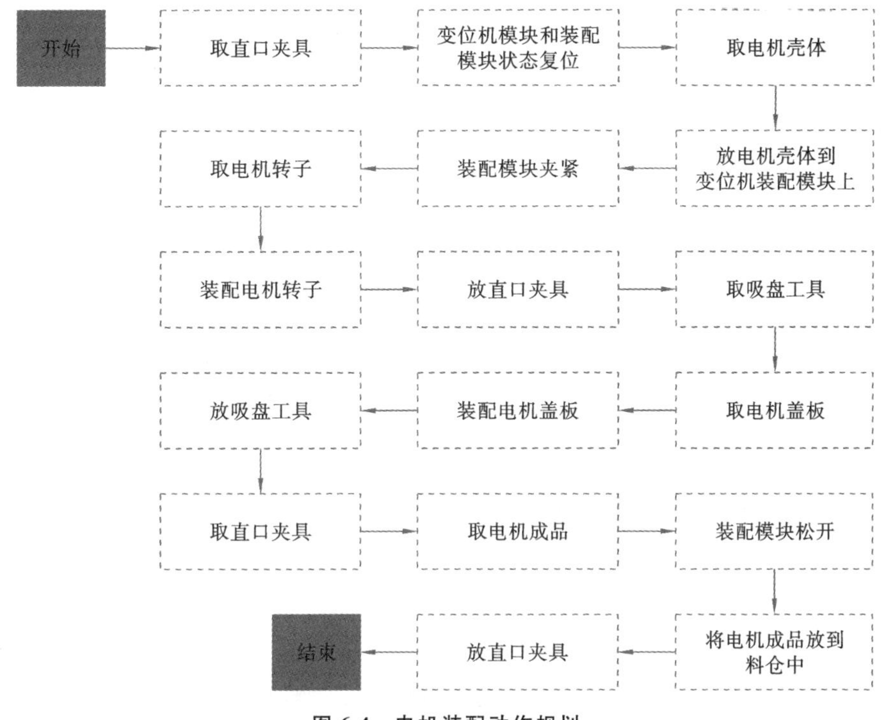

图 6-4　电机装配动作规划

3）路径规划

工业机器人电机装配的路径规划与项目三和项目四的类似，注意设置好过渡点以及安全点，此处就不再赘述。

2. 编程前准备

在开始电机装配示教编程之前，还需要进行如下准备和确认：

(1) 确保当前工业机器人末端未安装工具；

(2) 确保快换工具台上正确放置直口夹具和吸盘工具；

(3) 确保变位机模块处于工作零位，变位机装配模块处于松开状态；

(4) 确保气路可正常供气且气路通畅；

(5) 确保电机装配模块按照要求放置好电机壳体、电子转子、电机盖板等工件。

3. 示教编程

电机装配任务会用到运动指令、IO 指令以及子程序调用指令，程序示例如表 6-1 所示。

表 6-1　电机装配程序示例

程序名	DJZP. PRG	
序号	程序	说明
1	CALL “QZKJJ. PRG”	调用取直口夹具子程序，取直口夹具
2	DO[11]=OFF	确保直口夹具处于松开待夹取状态
3	DO[10]=ON	
4	DO[49]=OFF	确保变位机装配模块处于松开待夹紧状态
5	DO[51]=ON	
6	WAIT TIME=500	延时 500 ms
7	J P[1]	运动到电机壳体取料点上方点 P1
8	L P[2]	运动到电机壳体取料点 P2
9	DO[10]=OFF	直口夹具夹紧，夹取工件
10	DO[11]=ON	
11	WAIT TIME=500	延时 500 ms
12	L P[1]	运动到电机壳体取料点上方点 P1
13	L P[3]	运动至变位机装配模块电机壳体放料点上方点 P3
14	L P[4]	运动至变位机装配模块电机壳体放料点 P4
15	DO[11]=OFF	直口夹具松开，放置工件
16	DO[10]=ON	
17	WAIT TIME=500	延时 500 ms
18	L P[3]	运动至变位机装配模块电机壳体放料点上方点 P3
19	DO[51]=OFF	变位机装配模块夹紧
20	DO[49]=ON	
21	L P[5]	运动到电机转子取料点上方点 P5
22	L P[6]	运动到电机转子取料点 P6
23	DO[10]=OFF	直口夹具夹紧，夹取工件
24	DO[11]=ON	
25	WAIT TIME=500	延时 500 ms

续表

程序名	DJZP. PRG	
序号	程序	说明
26	L P[5]	运动到电机转子取料点上方点 P5
27	L P[7]	运动至变位机装配模块电机转子放料点上方点 P7
28	L P[8]	运动至变位机装配模块电机转子放料点 P8
29	DO[11]=OFF	直口夹具松开,放置工件
30	DO[10]=ON	
31	WAIT TIME=500	延时 500 ms
32	L P[7]	运动至变位机装配模块电机转子放料点上方点 P7
33	J JR[0]	运动回工业机器人工作原点
34	CALL “FZKJJ. PRG”	调用放直口夹具子程序
35	WAIT TIME=500	延时 500 ms
36	CALL “QXP. PRG”	调用取吸盘工具子程序
37	WAIT TIME=500	延时 500 ms
38	J P[9]	运动到电机盖板取料点上方点 P9
39	L P[10]	运动到电机盖板取料点 P10
40	DO[12]=ON	吸盘工具工作,吸取工件
41	WAIT TIME=500	延时 500 ms
42	L P[9]	运动到电机盖板取料点上方点 P9
43	L P[11]	运动至变位机装配模块电机盖板放料点上方点 P11
44	L P[12]	运动至变位机装配模块电机盖板放料点 P12
45	DO[12]=OFF	吸盘工具关闭,放置工件
46	WAIT TIME=500	延时 500 ms
47	L P[11]	运动至变位机装配模块电机盖板放料点上方点 P11
48	J JR[0]	运动回工业机器人工作原点
49	CALL “FXP. PRG”	调用放吸盘工具子程序
50	WAIT TIME=100	延时 100 ms
51	CALL “QZKJJ. PRG”	调用取直口夹具子程序,取直口夹具

续表

程序名	DJZP. PRG	
序号	程序	说明
52	WAIT TIME=500	延时 500 ms
53	J P[13]	运动至变位机装配模块电机成品上方点 P13
54	L P[14]	运动至变位机装配模块电机成品处 P14
55	DO[10]=OFF	直口夹具夹紧，夹取电机成品
56	DO[11]=ON	
57	WAIT TIME=500	延时 500 ms
58	DO[49]=OFF	变位机装配模块松开
59	DO[51]=ON	
60	WAIT TIME=500	延时 500 ms
61	L P[13]	运动至变位机装配模块电机成品上方点 P13
62	L P[15]	运动至电机成品放置点附近 P15
63	L P[16]	运动至电机成品放置点 P16
64	DO[11]=OFF	直口夹具松开，放置电机成品
65	DO[10]=ON	
66	L P[15]	运动至电机成品放置点附近 P15
67	J JR[0]	运动回工业机器人工作原点
68	CALL “FZKJJ. PRG”	调用放直口夹具子程序

在电机装配过程中，可以利用变位机模块旋转一定角度，以便于放和取工件。

项目七　工业机器人视觉分拣和装配工作站编程与调试

项目描述

项目四至项目六基于工业机器人工作站调试应用实训平台讲解了简单的工业机器人搬运工作站、工业机器人码垛工作站、工业机器人装配工作站的编程与调试，这几个项目涉及工作平台、仓库、变位机等周边模块。通过这几个项目的学习，学生能对工作站的编程和调试有初步的了解，对工业机器人的操作更加熟练。

对于绝大多数工业应用领域的工业机器人工作站，其工作任务、周边配套会相对更加复杂。本项目基于工业机器人工作站调试应用实训平台，结合机器视觉、PLC 逻辑控制、自动供料系统、自动输送系统等周边设备，完成更加贴合工业生产实际应用场景的复杂关节部件装配任务。

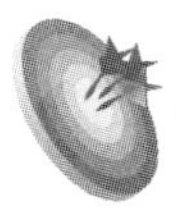

项目目标

（1）能根据装配任务规划工业机器人及周边设备的动作逻辑和运动路径。

（2）能利用视觉系统实现工件形状和位置识别，实现视觉系统与机器人的联调应用。

（3）能结合 PLC 模块实现自动供料、传输和取料功能，实现与机器人的联调应用。

（4）完成工业机器人复杂关节部件装配任务的编程和调试。

任务一 工业机器人工作站视觉系统调试及应用

任务描述

(1) 把减速机及法兰工件随机放置在视觉系统下方的输送带上,利用视觉系统实现工件形状和位置的识别。

(2) 实现视觉系统与工业机器人的通信,工业机器人能准确抓取视觉系统识别出的工件。

任务准备

1. 视觉系统简介

机器视觉系统是利用机器代替人眼来进行各种测量和判断的系统,它将测量的视觉信息作为输入,对这些信息进行处理、判断,进而提取出有用信息并提供给机器人,帮助机器人完成分拣等生产任务。计算机、人工智能、信号处理、光机电一体化等多领域技术的发展,特别是图像处理和模式识别等技术的快速发展,大大推动了机器视觉的发展和应用。

本项目所用的工业机器人视觉系统组成如图 7-1 所示。

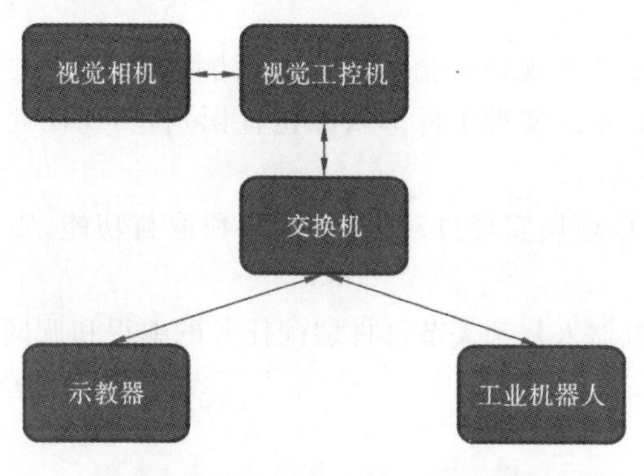

图 7-1 工业机器人视觉系统组成

2. 末端工具准备

本任务主要依靠视觉系统实现减速机和法兰工件的形状和位置识别，之后通过工业机器人抓取减速机和法兰工件，因此在任务实施之前，要先选好所需的末端工具。根据工作环境以及工件结构特征，本任务选择使用吸盘工具进行工件的抓取。

3. 其他工具准备

准备九点标定板(见图 7-2)1 块、配合吸盘工具进行标定的标定尖 1 个、减速机工件和法兰工件(见图 7-3)各 1 个。

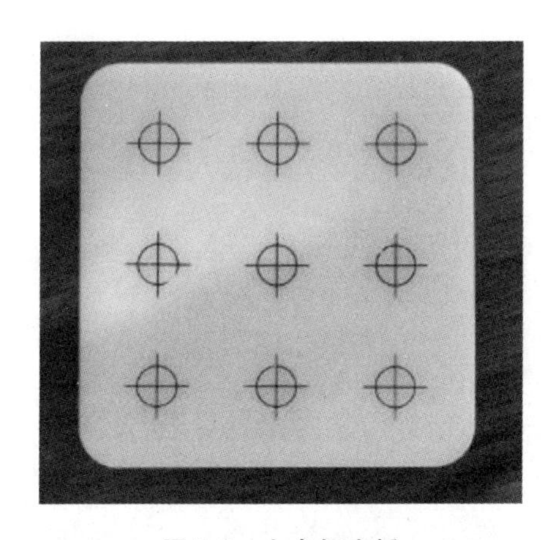

图 7-2　九点标定板

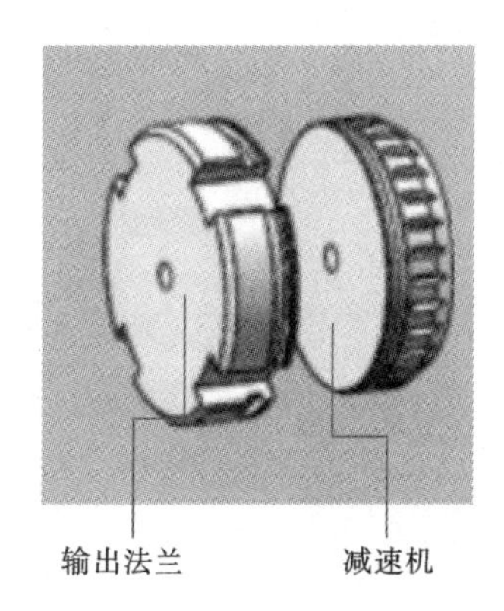

图 7-3　减速机工件和法兰工件

任务实施

根据视觉系统的特点，本任务可以分解成视觉标定、视觉识别流程搭建、工业机器人与视觉系统通信、工业机器人抓取工件四个子任务。

1. 视觉标定

视觉九点标定

视觉标定的目的是准确地将视觉系统拍摄的图像点转换成工业机器人的坐标位置，为工业机器人和视觉系统的联动提供基础保障。

视觉标定的具体操作就是将视觉系统拍摄的图像点与工业机器人的坐标位置进行重合，通过视觉软件内部运算，得到图像点与工业机器人坐标的转换关系。

在本任务中，主要利用图 7-2 所示的九点标定板和九点法进行标定，首先视觉系统对九点标定板进行拍摄，获取九个圆心的图像点，然后操作工业机器人分别得到这九个圆心点在工业机器人坐标中的坐标值，将这九个坐标值分别与视觉系统的图像点一一对应输入视觉软件中，视觉软件通过计算得到视觉系统图像点与工业机器人坐标的转换关系，并生成标定文件。

图 7-4 为所用视觉系统配套的视觉软件，此视觉软件主界面包含菜单栏、工具栏、流程图、图像显示栏、状态显示栏，视觉标定操作需要在视觉软件中开展。

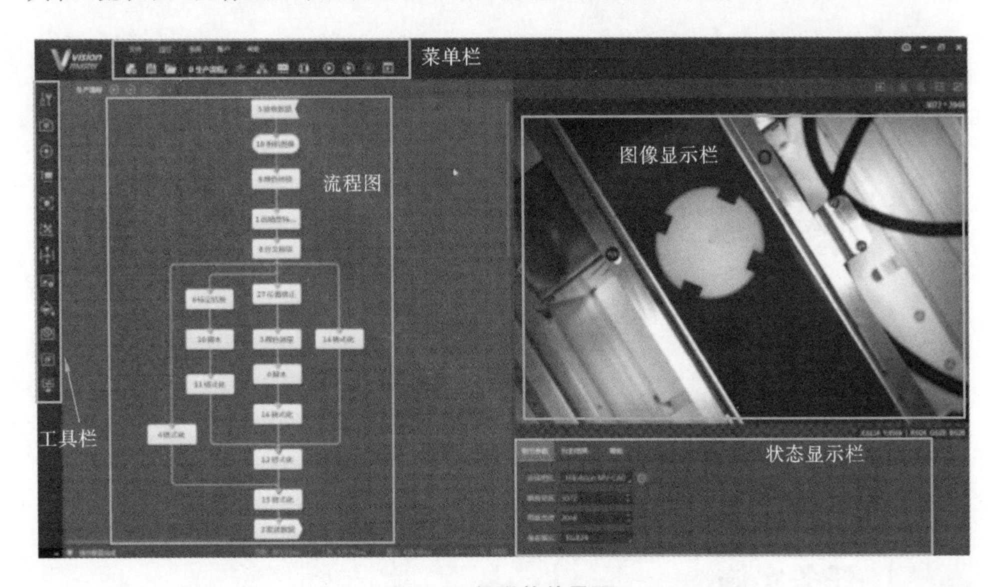

图 7-4　视觉软件界面

(1) 把九点标定板放置在相机下方，保证相机能清晰地拍摄出九点标定板的全貌。

(2) 在视觉软件中创建标定流程图，如图 7-5 所示。

(3) 特征模板创建及参数设置。

打开“高精度特征匹配”流程，在特征模板中创建九点标定板上圆形图案的特征模板，便于后续根据此特征模板识别九点标定板上的九个圆形图案及其圆心。

① 如图 7-6 所示，点击“特征模板”→“新建模板”→“相机拍照”，选择圆形工

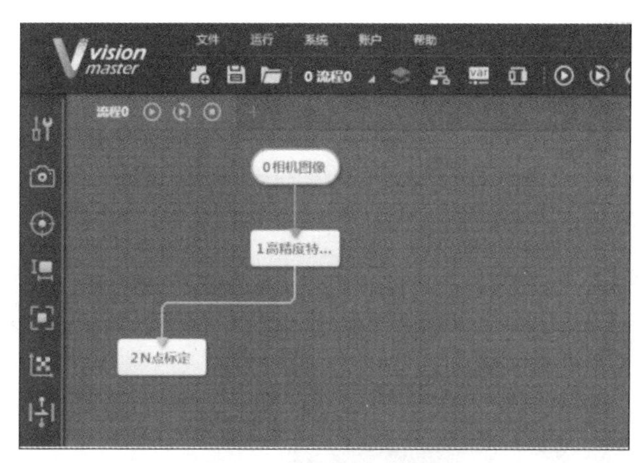

图 7-5　创建标定流程图

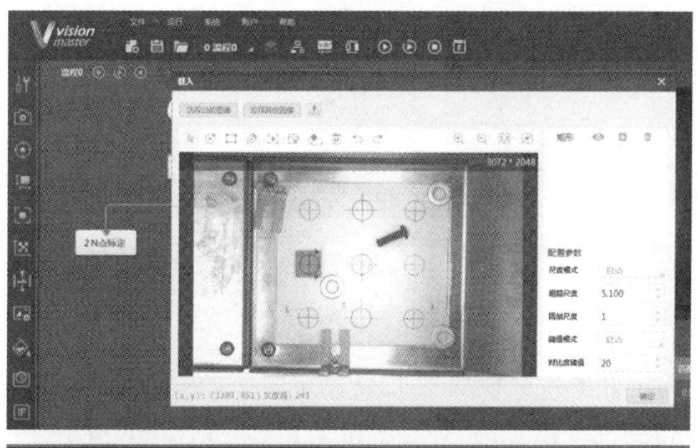

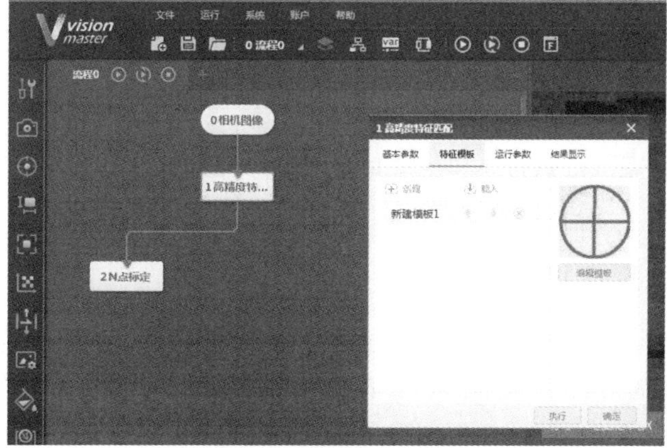

图 7-6　创建标定模板

具在照片上拾取一个清晰的圆形图案(保证拾取图案与圆形图案完全重合和一致),单击“确定”,生成图案模板。

② 设置运行参数。如图 7-7 所示,设置最大匹配个数为“9”。

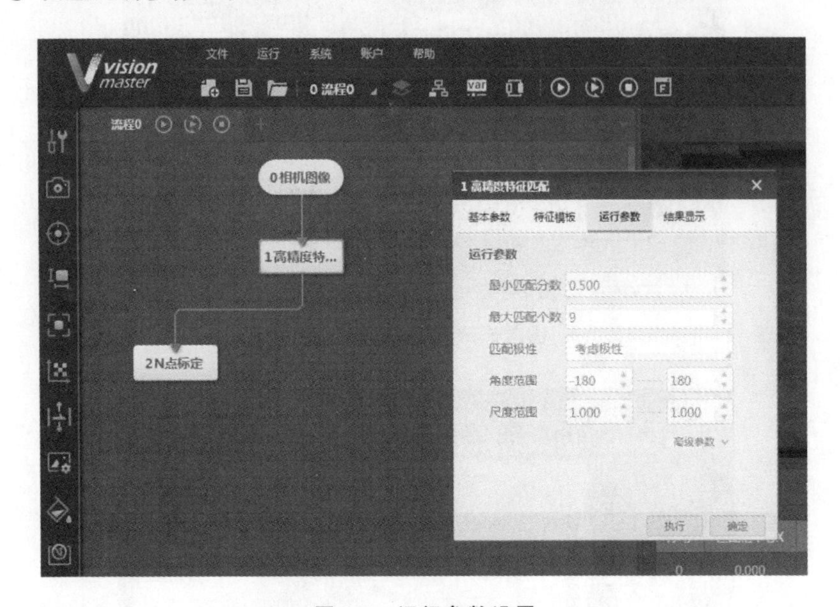

图 7-7　运行参数设置

(4) N 点标定。

① 利用已标定好的特征模块对九点标定板上的九个圆形图案分别进行拍照和特征识别,并得到九个图像的 X 坐标和 Y 坐标,如图 7-8 所示。

② 移动工业机器人吸盘标定工具(把标定尖安装到吸盘工具上),按照上述九个圆形图案的拍照顺序,分别获得九个圆形图案圆心在工业机器人坐标上的坐标值,并一一对应填入图 7-8 所示的表格中。

③ 点击“确定”→“执行”→“生成标定文件”,完成九点法标定过程并保存标定文件。

2. 视觉识别流程搭建

(1) 按照图 7-9 所示的流程,选取工具栏相应的模块,新建工艺流程图,用于视觉检测、定位、抓取,并设置相机参数。

特征模板创建

(2) 减速机和法兰特征模板创建及参数设置。

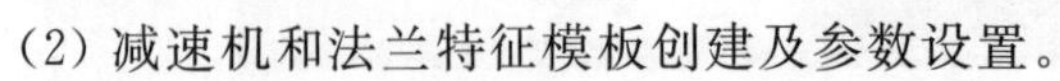

按照前文特征模板创建步骤,分别创建减速机和法兰的特征模

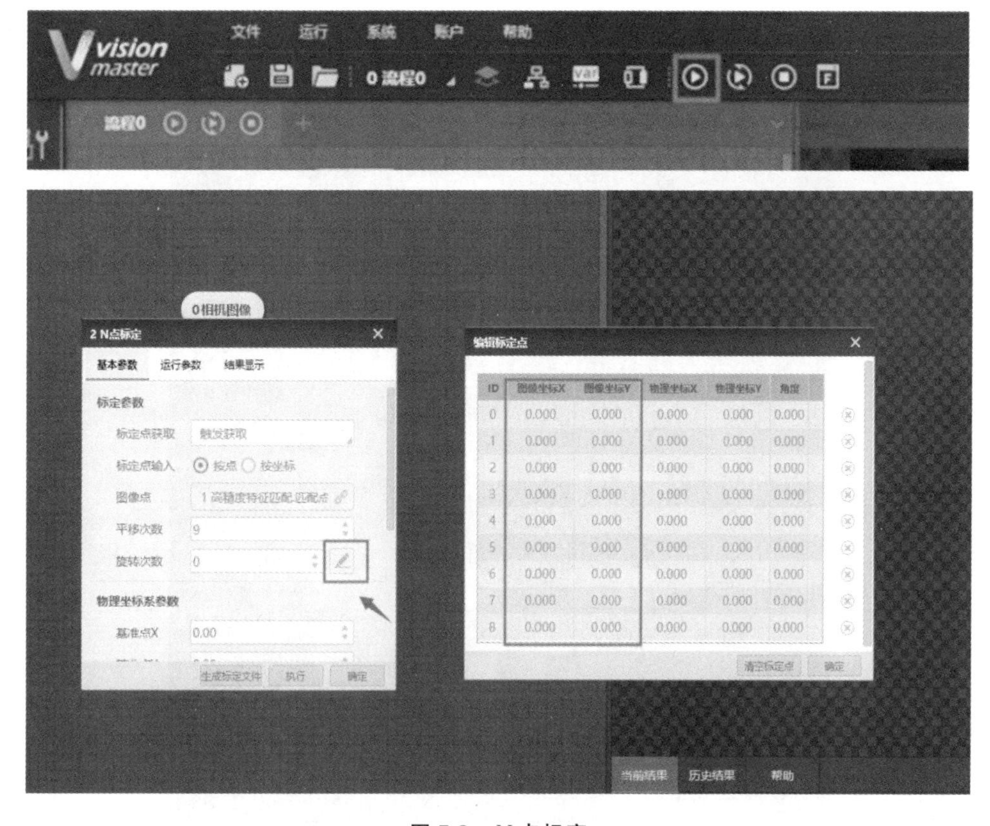

图 7-8　*N* 点标定

板，把法兰的特征模板保存到“新建模板 1”中，把减速机的特征模板保存到“新建模板 2”中，如图 7-10 所示。

（3）在“标定转换”中加载已保存的标定文件，如图 7-11 所示。

（4）优化校准标定参数。

对减速机或法兰工件进行拍照后，打开脚本，将图 7-12 中方框 1 处经标定文件转换的工件中心点位置坐标填写到方框 3 处；再操作工业机器人吸盘标定工具，使其运动到工件中心处，记录此时工业机器人的坐标并填写到方框 2 处，并点击“预翻译”→“执行”→“确认”。方框 1 处为视觉转换得到的工件坐标，方框 2 处为工业机器人实际获取的工件坐标值。利用此脚本对视觉转换坐标值和工业机器人实际获取的坐标值进行校准优化。

注：若要进行颜色识别，可参考上述做法，在颜色策略流程中进行颜色识别和参数设置。

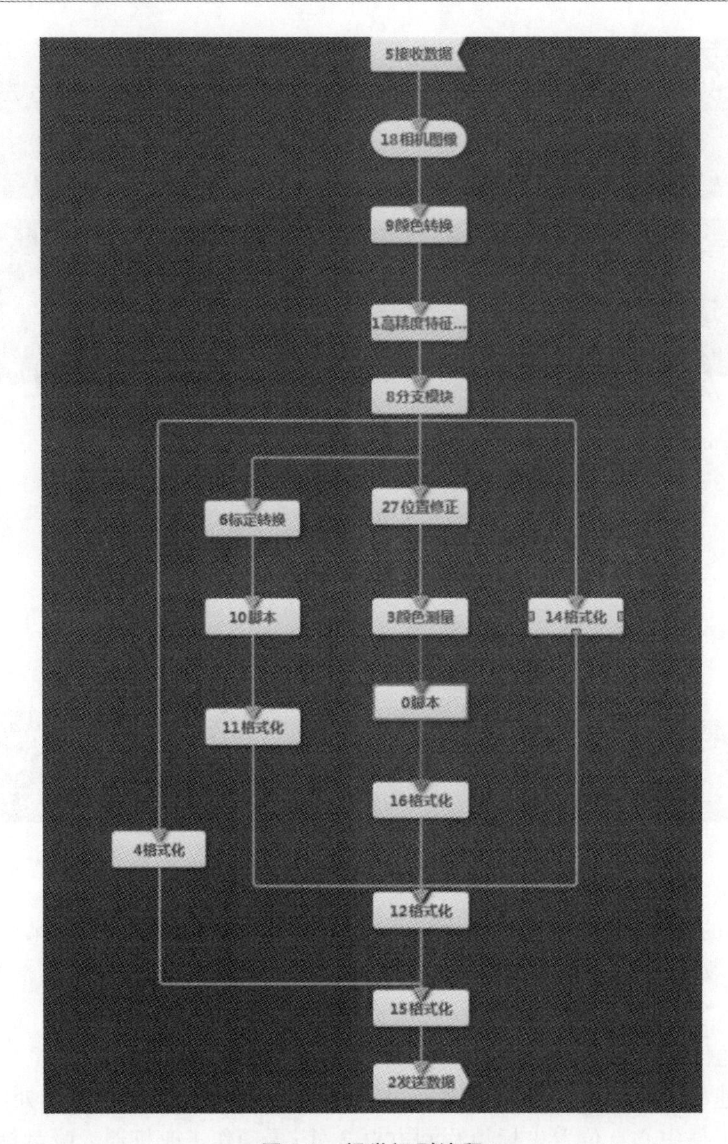

图 7-9 视觉识别流程

3. 工业机器人与视觉系统通信

经过上述视觉标定和视觉识别流程搭建后，视觉系统能准确识别工件的形状和位置，并能把位置信息转换成工业机器人的坐标值。本任务重点讲解工业机器人与视觉系统如何进行通信，把视觉识别的坐标值传递给工业机器人。

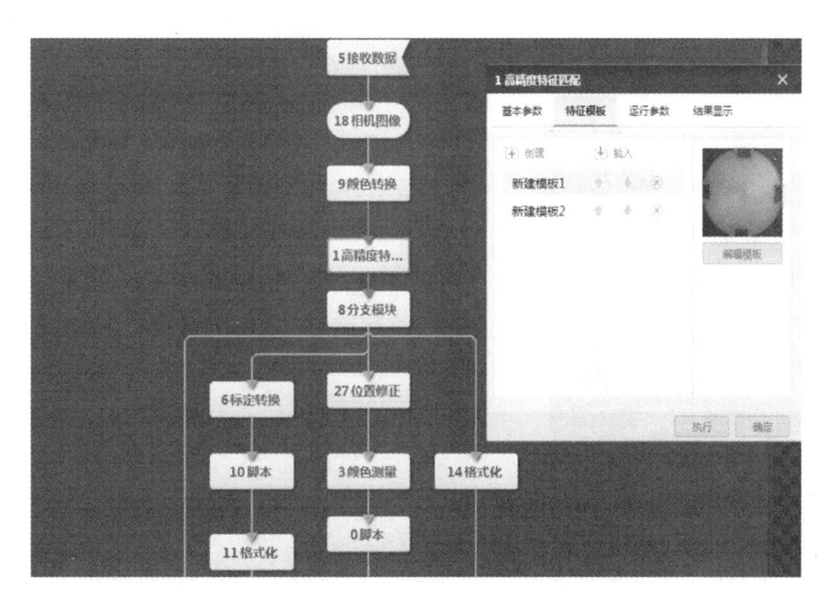

图 7-10　减速机和法兰特征模板创建及参数设置

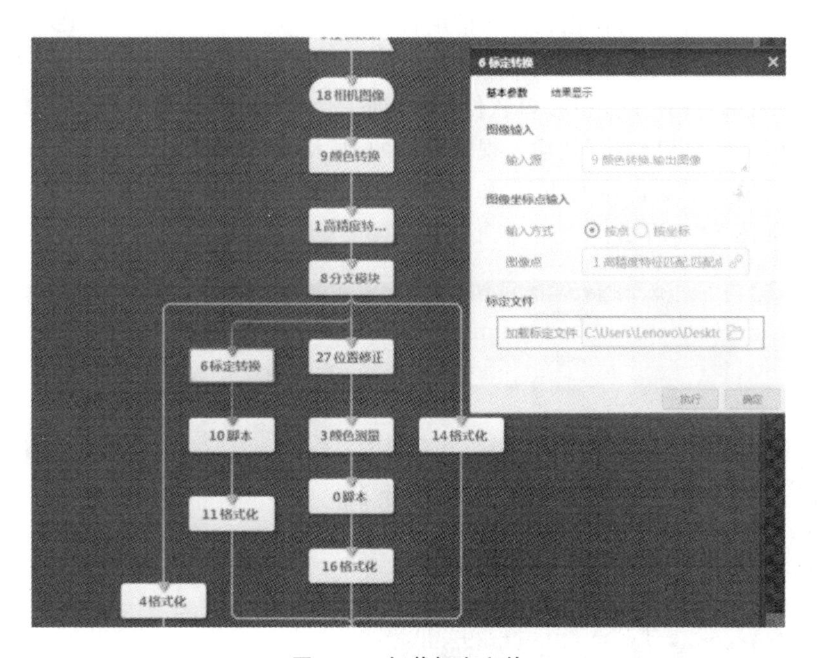

图 7-11　加载标定文件

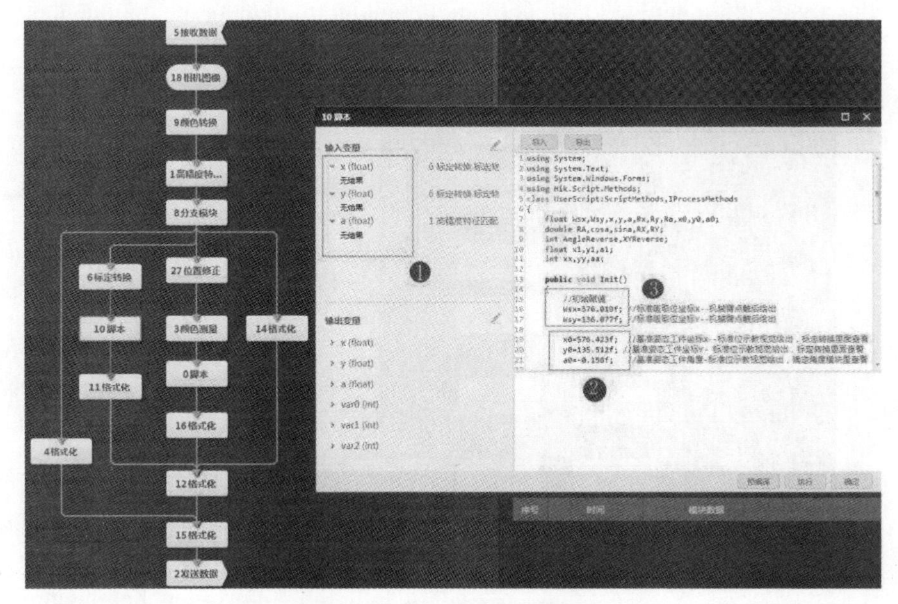

图 7-12　优化校准标定参数

(1) 工业机器人与视觉软件通信配置。

相机通信及调试

机器人端：无须配置，通过二次开发接口接收数据。

工控机端：打开工控机接口软件（本实训平台为“PLCInterface”软件），在“VM 通信参数”处输入视觉软件的 IP 和端口，在“PLC 通信参数”处输入工业机器人的 IP 和端口，分别连接视觉软件和工业机器人，如图 7-13 所示。

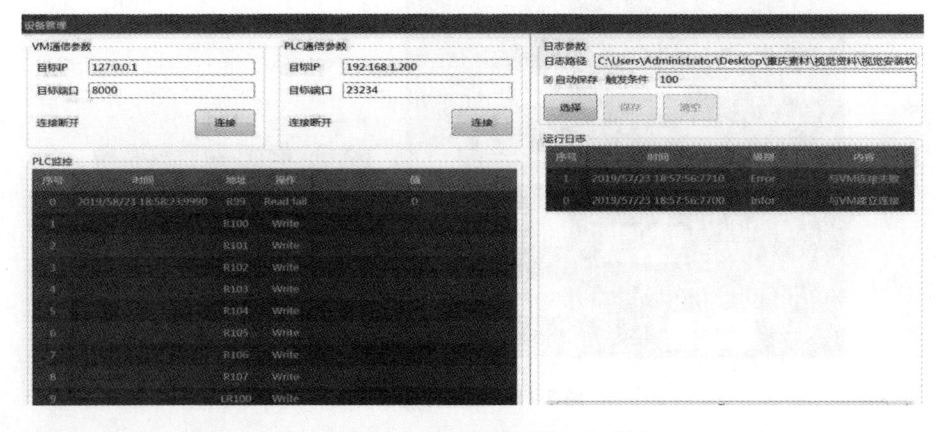

图 7-13　工业机器人与视觉软件通信配置

（2）工控机网络通信配置。

如图7-14所示，在工控机网络设置里输入网卡IP地址，与机器人的TCP地址为同一网段，实现与机器人的网络通信配置。

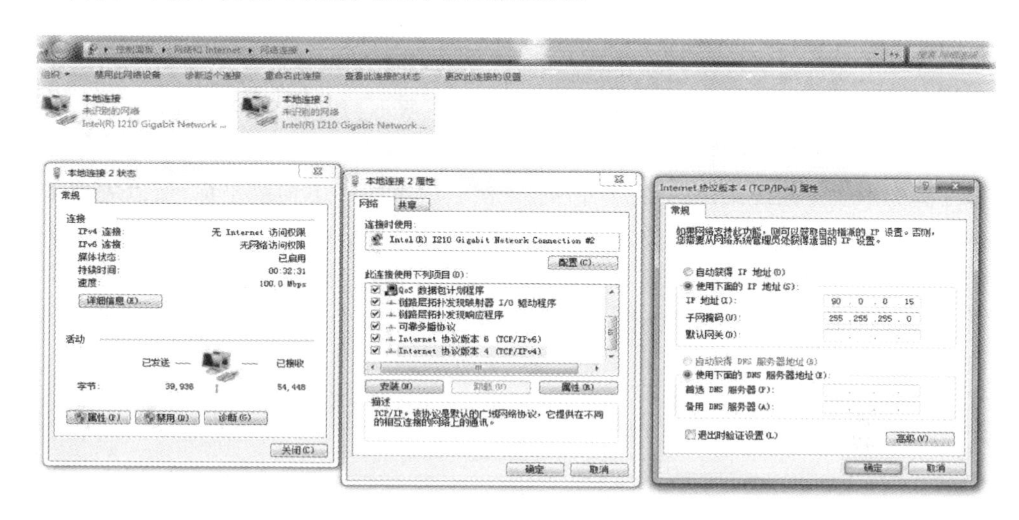

图7-14　工控机网络通信配置

工控机与相机的通信自动配置。

（3）工业机器人与视觉软件寄存器定义。

工业机器人、视觉软件、相机、工控机间通信配置正常后，可以借助工业机器人的R寄存器实现信号触发及数据反馈，寄存器具体定义见表7-1。

表7-1　工业机器人与视觉软件寄存器定义

序号	寄存器名称	定义
1	R[99]	触发拍照
2	R[100]	视觉返还值，1表示拍摄到，2表示未拍摄到
3	R[101]	视觉返还值，1表示白色，2表示黄色，3表示蓝色
4	R[102]	视觉返还 X 坐标值
5	R[103]	视觉返还 Y 坐标值
6	R[104]	视觉返还旋转角度值
7	R[105]	视觉返还值，1表示法兰，2表示减速机

4. 工业机器人抓取工件

在相机下方输送带上随机放置一个减速机工件，结合视觉系统，让工业机器人准确抓取减速机工件。

默认工业机器人已经安装好吸盘工具，那么整个工作流程可以分解成相机拍照（视觉识别）、工业机器人运动到减速机工件处、吸取减速机工件。

假设 LR[50]为工件坐标点，LR[51]为工件上方点。

因为本视觉系统采用的是 2D 相机，无法获取工件 Z 方向的坐标，所以先把工件随机放置于输送带上任意位置，获取工件坐标后保存到 LR[50]中，作为初始坐标。因为输送带上任意位置的 Z 坐标是一致的，所以后续视觉识别只会改变 LR[50]的 X 坐标和 Y 坐标，Z 坐标一直保持固定。

视觉识别减速机抓取程序示例如表 7-2 所示。

表 7-2 视觉识别减速机抓取程序示例

程序名	SJJSJ. PRG	
序号	程序	说明
1	LB[1]	
2	R[99]=0	重置触发拍照寄存器归零
3	R[100]=0	重置视觉返还寄存器归零
4	WAIT TIME=500	延时 500 ms
5	R[99]=1	触发相机拍照
6	WAIT TIME=500	延时 500 ms
7	R[99]=0	重置触发拍照寄存器归零
8	IF R[100]<>1,GOTO LB[1]	如果未拍摄到，则重新拍摄
9	IF R[100]=1,GOTO LB[2]	如果拍摄到，则继续执行下面的程序
10	LB[2]	
11	LR[50][0]=R[102]	把相机返还的工件 X 坐标赋值给 LR[50]寄存器
12	LR[50][1]=R[103]	把相机返还的工件 Y 坐标赋值给 LR[50]寄存器
13	LR[51]=LR[50]	LR[51]寄存器里的坐标值表示在 LR[50]中坐标的上方 50 mm 处
14	LR[51][2]=LR[50][2]+50	
15	J LR[51]	运动到工件上方点 LR[51]处

续表

程序名	SJJSJ.PRG	
序号	程序	说明
16	L LR[50]	运动到工件点 LR[50]处
17	DO[12]=ON	吸盘工具工作，吸取工件
18	WAIT TIME=500	延时 500 ms
19	L LR[51]	运动到工件上方点 LR[51]处

减速机是一个绕 Z 轴各角度均相同的圆盘形工件，但是法兰工件在其外圆边框上间隔 90°有一个缺口，因此法兰是有方向性的，法兰的旋转角度返回到 R[104]寄存器中。我们可以在法兰工件上方先旋转工业机器人工具的角度，待吸取上法兰工件后，再旋转回到工具的原角度，这样就能保证每次吸取的工件与工具保持一致，工具与工业机器人的默认坐标系也保持一致。

视觉识别法兰抓取程序示例如表 7-3 所示。

表 7-3　视觉识别法兰抓取程序示例

程序名	SJFL.PRG	
序号	程序	说明
1	UTOOL_NUM=0	调用工具坐标系 0，即吸盘工具的坐标系
2	LB[1]	
3	R[99]=0	重置触发拍照寄存器归零
4	R[100]=0	重置视觉返还寄存器归零
5	WAIT TIME=500	延时 500 ms
6	R[99]=1	触发相机拍照
7	WAIT TIME=500	延时 500 ms
8	R[99]=0	重置触发拍照寄存器归零
9	IF R[100]<>1,GOTO LB[1]	如果未拍摄到，则重新拍摄
10	IF R[100]=1,GOTO LB[2]	如果拍摄到，则继续执行下面的程序
11	LB[2]	
12	LR[50][0]=R[102]	把相机返还的工件 X 坐标赋值给 LR[50]寄存器

续表

程序名	SJFL. PRG	
序号	程序	说明
13	LR[50][1]=R[103]	把相机返还的工件 Y 坐标赋值给 LR[50]寄存器
14	LR[51]=LR[50]	LR[51]寄存器里的坐标值表示在 LR[50]中坐标的上方 50 mm 处
15	LR[51][2]=LR[50][2]+50	
16	LR[52]=LR[51]	调整法兰工件上方点工具的姿态，相应坐标值存至 LR[52]
17	LR[52][3]=LR[50][3]+R[104]	
18	LR[53]=LR[52]	确定姿态调整后的法兰工件点，相应坐标值存至 LR[53]
19	LR[53][2]=LR[52][2]-50	
20	J LR[51]	运动到工件上方点 LR[51]处
21	J LR[52]	运动到工件上方点 LR[52]处
22	L LR[53]	运动到工件点 LR[53]处
23	DO[12]=ON	吸盘工具工作，吸取工件
24	WAIT TIME=500	延时 500 ms
25	L LR[52]	运动到工件上方点 LR[52]处
26	J LR[51]	运动到工件上方点 LR[51]处

上述程序可以实现工业机器人与视觉系统的联调应用，详细说明了如何在工业机器人程序中调用视觉系统，以及如何把视觉系统识别的工件坐标返回给工业机器人。

任务二　工业机器人工作站 PLC 系统调试及应用

任务描述

(1) 利用 PLC 模块实现井式料仓自动供料。

（2）利用 PLC 模块实现皮带输送模块自动传输物料。

（3）利用 PLC 模块联合视觉系统和工业机器人实现自动取料。

任务准备

1. PLC 系统简介

PLC(programmable logic controller,可编程逻辑控制器)主要用于工业领域的控制,是一种具有微处理器功能的用于自动化控制的数字运算控制器,它可以将控制指令随时载入内存进行存储与执行。PLC 由 CPU、指令及数据内存、输入/输出接口、电源、数字模拟转换等功能单元组成,如图 7-15 所示。

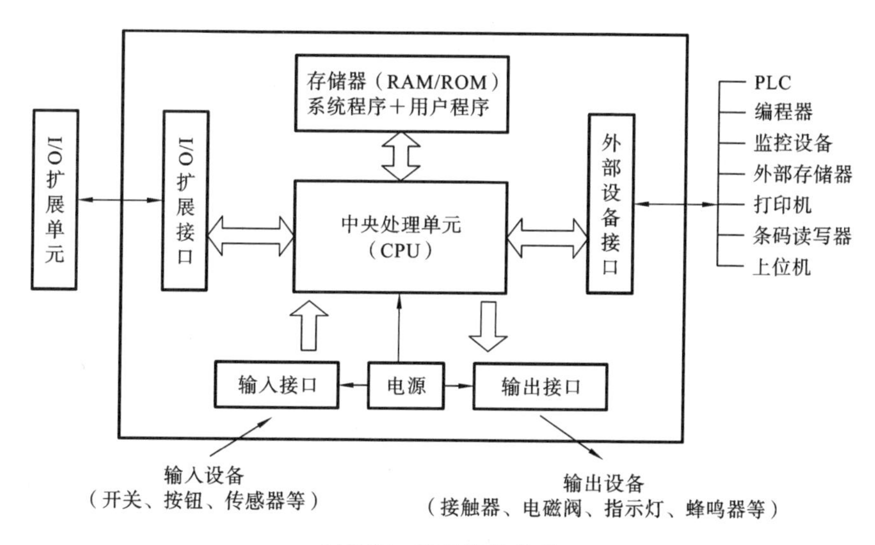

图 7-15　PLC 结构组成

当 PLC 投入运行后,其工作过程一般分为三个阶段,即输入采样、用户程序执行和输出刷新三个阶段,如图 7-16 所示,完成上述三个阶段的过程称作一个扫描周期。在整个运行期间,PLC 的 CPU 以一定的扫描速度重复执行上述三个阶段。

PLC 的编程和调试需要对应的 PLC 开发环境来操作,利用高集成度工程组态系统的开发环境,可以快速、直观地开发和调试自动化系统,对自动化和驱动产品进行组态、编程和调试。

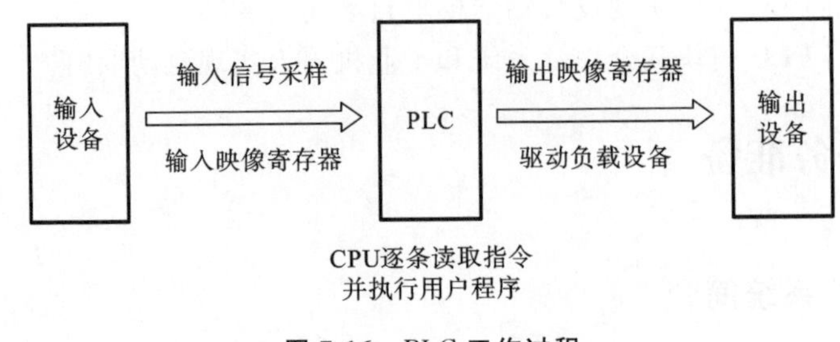

图 7-16　PLC 工作过程

2. 常见 PLC 逻辑指令

PLC 有多种编程语言，本任务采用的是使用最广泛的梯形图编程语言。本任务涉及的 PLC 功能较简单，所涉及的相关编程指令也较少，主要有触点指令、赋值指令和赋值取反指令、定时器指令。

(1) 触点指令。

触点有常开触点和常闭触点两种，如图 7-17 所示，可将触点相互连接并创建不同的组合逻辑。

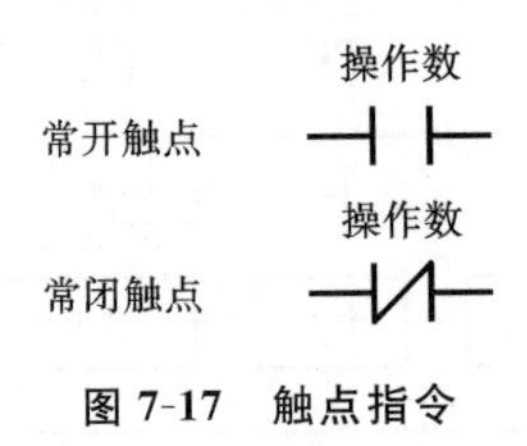

图 7-17　触点指令

常开触点、常闭触点的激活状态取决于相关操作数的信号状态。当操作数的信号状态为“0”时，常开触点和常闭触点为常态，该指令输出的信号状态复位为“0”和“1”；当操作数的信号状态为“1”时，常开触点和常闭触点为动态，该指令输出的信号状态复位为“1”和“0”。

(2) 赋值和赋值取反指令。

如图 7-18 所示，赋值指令用于输出前面的逻辑运算结果，如果前面的逻辑运算结果为 1，那么赋值指令上操作数的状态为 1，这个赋值指令其实就是线圈的输出指令；赋值取反指令跟逻辑非运算指令具有相同的功能，前面的逻辑运算结果为 1，那么赋值取反指令操作数的状态就为 0。

(3) 定时器指令。

本任务会用到启动接通延时定时器 TON 指令和启动关断延时定时器 TOF

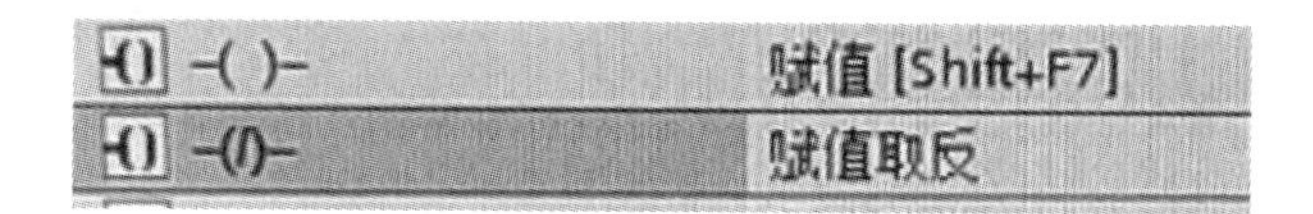

图 7-18　赋值和赋值取反指令

指令，如图 7-19 所示。TON 和 TOF 指令均有 4 个信号端口，IN 为定时器的使能端，PT 为设定时间，ET 为定时器当前存储时间，Q 为输出信号。

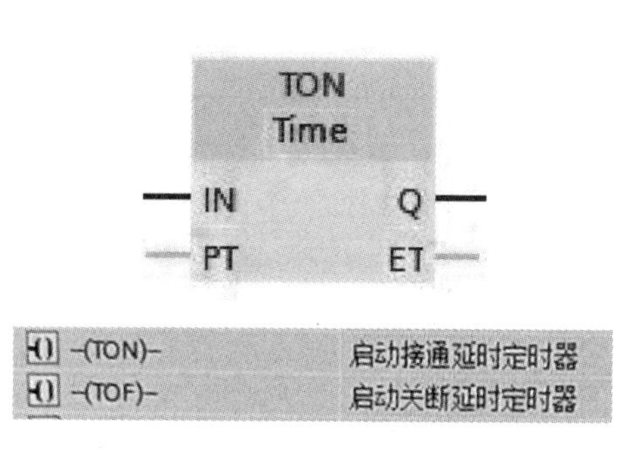

图 7-19　定时器指令

3. PLC 通信端口

井式供料模块（井式料仓）由圆柱形料筒和伸缩气缸组成，圆柱形料筒内径为 50 mm，如图 2-12 所示。圆柱形料筒可同时装入机器人关节的减速机和输出法兰两种圆形物料，圆柱形料筒底部配置对射型传感器以检测工件有无，伸缩气缸配置磁性开关以检测动作是否执行，伸缩气缸动作及其传感器信号均由 PLC 控制，相应的 PLC 信号如表 7-4 所示。

表 7-4　井式料仓相关 PLC 信号

PLC IO 模块	功能
I0.5	供料桶内工件检测
I0.6	井式供料气缸伸到位
I0.7	井式供料气缸退到位
Q0.5	井式供料气缸伸出
Q0.6	井式供料气缸缩回

皮带输送模块主要由皮带输送机、工件上料检测传感器、工件到位检测传感器组成，如图 2-13 所示。皮带输送模块的启停和工件检测传感器均通过 PLC 信号控制，相关 PLC 信号如表 7-5 所示。

表 7-5 皮带输送模块相关 PLC 信号

PLC IO 模块	功能
I1.0	皮带前端工件检测
I0.4	皮带末端工件检测
Q0.2	皮带启停

任务实施

1. 运动规划

以法兰工件为例，本任务需要把井式料仓中的法兰工件自动供料到输送带上，输送带自动启动把法兰工件运输到视觉系统相机下方，相机拍照并进行视觉识别，再由工业机器人抓取法兰工件。

(1) 井式料仓供料。

进行井式料仓供料 PLC 程序编辑时，需要注意必须待井式料仓的气缸退到位且输送带前端无工件以及输送带后端无工件才能启动供料，当气缸伸到位且输送带前端无工件时才能缩回气缸。

(2) 输送带传输。

进行输送带传输 PLC 程序编辑时，需要注意必须待气缸伸到位且输送带前端有工件以及输送带后端无工件才能启动；当输送带后端有工件时，输送带停止工作，等待视觉识别和工业机器人取料。

2. PLC 逻辑编程和调试

根据运动规划，PLC 程序如图 7-20 所示。PLC 程序编辑调试好后需下载到机器人工作站的 PLC 设备中。

3. 井式料仓供料功能

井式料仓供料除了可以通过 PLC 控制外，还可以通过机器人的 IO 信号来控制。DO[52]表示井式料仓供料的信号通道，当 DO[52]＝ON 时，表示气缸伸出，

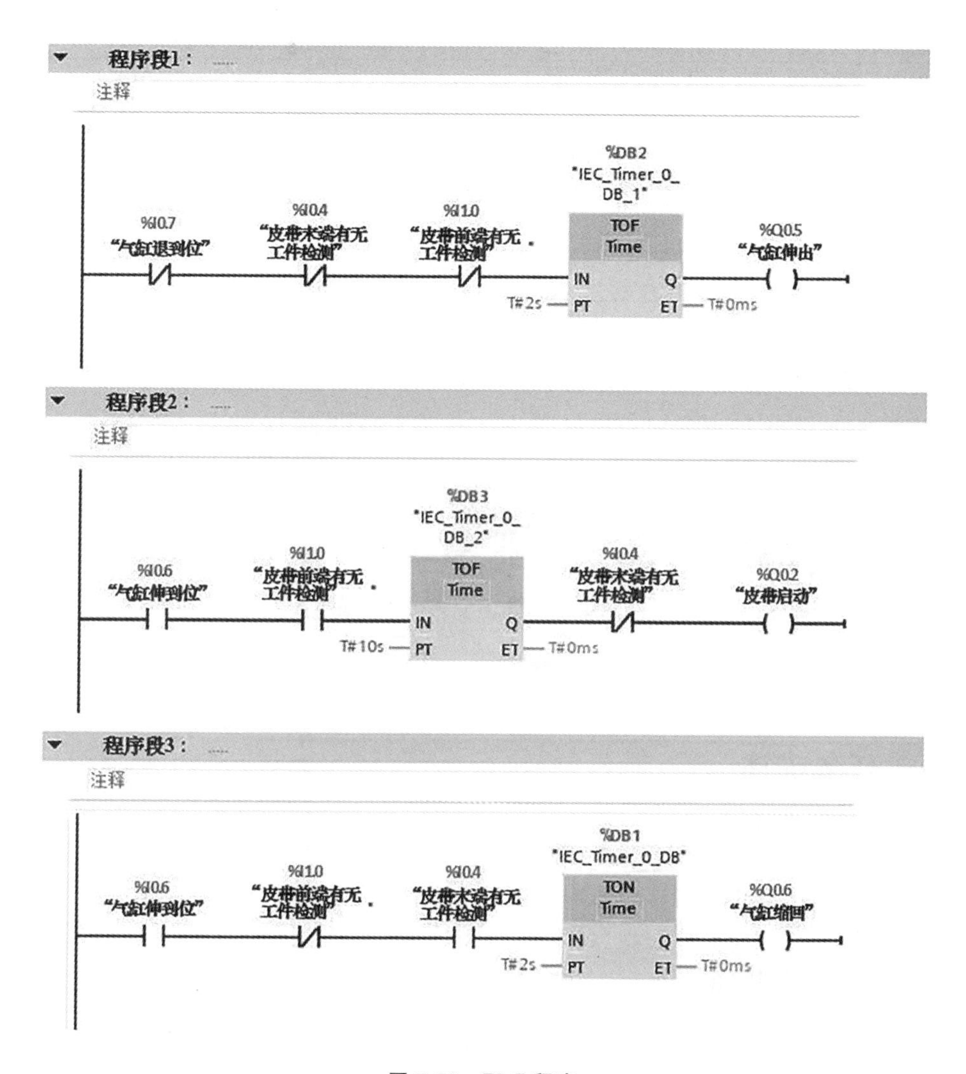

图 7-20　PLC 程序

启动供料；当 DO[52]＝OFF 时，表示气缸缩回，处于可供料状态。

4. 工业机器人编程与调试

为简化编程，此处用机器人 IO 信号控制井式料仓供料，根据上述运动规划、PLC 编程和 IO 配置，法兰工件从井式料仓自动供料、输送带自动传输到视觉识别和工业机器人自动取料的程序见表 7-6。

表 7-6　程序示例

程序名	FLZP. PRG	
序号	程序	说明
1	DO[52]=ON	井式料仓气缸伸出，启动供料
2	WAIT TIME=10000	延时 10000 ms
3	DO[52]=OFF	井式料仓气缸缩回
4	CALL “SJFL. PRG”	调用项目七任务一中配合视觉系统取法兰子程序

根据 PLC 程序，井式料仓供料后，输送带会自动启动以传输法兰工件。

任务三　工业机器人工作站复杂关节部件装配编程及调试

任务描述

利用工业机器人、PLC 模块、视觉系统、井式料仓、输送带、变位机装配模块等，完成图7-21 中关节部件的装配。

任务准备

1. 工件准备

准备好关节底座、已装配的电机、减速机和法兰工件各 1 个。手动把关节底座工件和电机工件放置到仓储模块中，把减速机和法兰工件放置到井式料仓中。

2. 视觉系统准备

打开视觉软件，连接并调整好相机，并参考项目七任务一中完成减速机和法兰工件的视觉识别和抓取编程及调试。

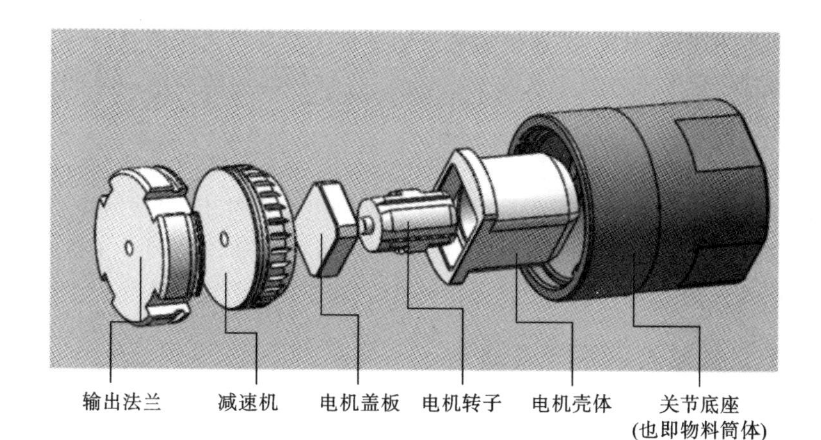

图 7-21　关节部件装配任务

3. PLC 模块准备

打开 PLC 软件，参考项目七任务二完成井式料仓供料及输送带传输的 PLC 程序编制。

任务实施

1. 运动规划

本关节部件装配任务可分解成关节底座的装配，电机部件的装配，减速机供料，减速机输送，减速机视觉识别，减速机装配，法兰工件的供料、输送及装配，成品入库。

(1) 关节底座装配：工业机器人自动取弧口夹具并返回工作原点，然后机器人抓取仓储模块上关节底座工件，将关节底座搬运到处于水平状态的变位机装配模块上，装配模块气缸伸出固定关节底座工件，完成关节底座的装配。

(2) 电机部件装配：机器人自动更换合适的工具，从仓储模块中正确抓取电机部件并装配到关节底座上。

(3) 减速机供料：电机部件装配完成后，机器人控制井式料仓单元上料气缸将供料筒中的减速机推出，5 s 后自动缩回，完成井式料仓单元上料过程。

(4) 减速机输送：井式料仓供料完成后，输送带立即开始运行，将减速机输送至输送带末端，待末端传感器检测到工件后输送带自动停止。

(5) 减速机视觉识别：减速机输送至输送带末端且输送带停止后，工业机器人触发相机拍照，获取减速机形状和位置信息，进行物料种类判别，并将信息传递给工业机器人。

(6) 减速机装配：机器人自动更换吸盘工具，在获取减速机信息后，机器人正确吸取减速机工件，将减速机正确搬运并装配到电机部件上，完成减速机的装配。

(7) 法兰工件的供料、输送及装配：重复(3)～(6)的步骤，完成法兰工件的装配。

(8) 成品入库：机器人自动更换弧口夹具，正确抓取关节成品并搬运至仓储模块。

2. 工业机器人编程与调试

项目七任务一和任务二已经实现了减速机和法兰工件的供料、输送、识别及抓取的过程，所以本任务直接调用上述子程序即可。本任务程序示例如表 7-7 所示。

表 7-7 复杂关节部件装配程序示例

程序名	GJZP. PRG	
序号	程序	说明
1	CALL "QHKJJ. PRG"	关节底座装配
2	DO[11]=OFF	
3	DO[10]=ON	
4	WAIT TIME=500	
5	DO[49]=OFF	
6	DO[51]=ON	
7	L P[0]	
8	L P[1]	
9	DO[11]=ON	
10	DO[10]=OFF	
11	WAIT TIME=500	
12	L P[2]	
13	L P[3]	
14	L P[4]	
15	L P[5]	
16	DO[11]=OFF	
17	DO[10]=ON	
18	WAIT TIME=500	
19	L P[4]	
20	DO[49]=ON	
21	DO[51]=OFF	

续表

程序名	GJZP. PRG	
序号	程序	说明
22	J JR[0]	关节底座装配
23	CALL “FHKJJ. ”PRG	
24	CALL “QZKJJ. PRG”	电机部件装配
25	DO[11]=OFF	
26	DO[10]=ON	
27	WAIT TIME=500	
28	L P[6]	
29	L P[7]	
30	DO[11]=ON	
31	DO[10]=OFF	
32	WAIT TIME=500	
33	L P[8]	
34	L P[9]	
35	L P[10]	
36	L P[11]	
37	DO[11]=OFF	
38	DO[10]=ON	
39	WAIT TIME=500	
40	L P[10]	
41	L P[9]	
42	J JR[0]	
43	CALL “FZKJJ. PRG”	
44	CALL “QXP. PRG”	减速机和法兰装配
45	WAIT TIME=500	
46	CALL “JSJZP. PRG”	

续表

程序名	GJZP. PRG	
序号	程序	说明
47	WAIT TIME=500	减速机和法兰装配
48	CALL “FLZP. PRG”	
49	WAIT TIME=500	
50	CALL “FXP. PRG”	
51	CALL “QHKJJ. PRG”	关节成品入库
52	DO[11]=OFF	
53	DO[10]=ON	
54	WAIT TIME=500	
55	L P[4]	
56	L P[5]	
57	DO[11]=ON	
58	DO[10]=OFF	
59	WAIT TIME=500	
60	DO[49]=OFF	
61	DO[51]=ON	
62	L P[4]	
63	L P[3]	
64	L P[2]	
65	L P[1]	
66	DO[11]=OFF	
67	DO[10]=ON	
68	WAIT TIME=500	
69	L P[0]	
70	J JR[0]	
71	CALL “FHKJJ. PRG”	

拓展训练

若井式料仓中有多个减速机和法兰随机放置,需要增加判断供料的是法兰工件还是减速机工件环节,而且必须按照先装减速机再装法兰的顺序进行装配,请编辑相关程序。

项目八　工业机器人数字孪生虚-实工作站联调与运行

项目描述

在实际生产过程中，生产场景较为复杂，机器人需要和其他各种设备进行通信，并按照设定好的逻辑完成既定的任务。如何验证逻辑的正确性？除了现场编程验证外，还可以运用专门的软件提前仿真验证，以提高编程的效率。除此之外，一些软件也可以采集机器人的实时数据，并以三维可视化的方式监控机器人的运动过程，再通过数据重现，有效追踪数据，实现错误锁定，提升整个生产管理的效率。本项目将运用一款工业机器人应用编程虚拟调试软件，在软件中完成电机的虚拟装配，以验证装配逻辑的正确性，在工业机器人工作站中完成机器人和 PLC 编程后，将机器人和 PLC 与软件建立起通信联系，在虚拟环境中实现工作站运行情况的实时监控。

项目目标

(1) 能够在虚拟空间中进行加工设备选型、平台组件布局、运行流程设计、工业机器人运动控制、信号逻辑设置等多个方面的内容设置。

(2) 在工业机器人应用编程虚拟调试软件中完成机器人平台的加工流程设计与虚拟运行。

(3) 完成机器人示教器程序的编写及 PLC 程序的编写。

(4) 建立虚拟调试软件与机器人和 PLC 的通信联系，实现对机器人工作站的实时监控。

任务一　工业机器人数字孪生系统概述

任务描述

本任务通过学习工业机器人数字孪生系统的功能和组成部分来建立对数字孪生系统的初步认知。

任务实施

1. 工业机器人数字孪生系统的功能

工业机器人数字孪生系统主要包括三大功能：运动仿真需求、监视需求、运行状态重现需求。

1）运动仿真需求

让用户在虚拟环境下设计机器人起始和终止位姿，完成机器人的路径规划，在机器人实际工作之前检验路径的正确性和安全性，运用碰撞检测技术提前发现路径中的碰撞点，保证机器人在实际运行过程中不发生碰撞，避免造成损失，并将规划结果输出给机器人控制器，进而控制机器人实体按照规划路径运动。

2）监视需求

对机器人运行状态进行监控并进行三维展示，这些状态包括机器人各轴的速度、加速度、角度、力矩等。与传统的人工监控或视频监控相比，三维可视化监控模式能更直观地展示监控数据，同时具有很强的交互性，可通过场景漫游全方位无死角地对现场进行监控。

3）运行状态重现需求

将机器人运行数据进行存储，通过输入历史时间节点，重现运行状态。对于发生意外的生产过程，运行状态重现是有效的追踪数据、锁定错误的手段。

2. 工业机器人数字孪生系统的组成部分

工业机器人数字孪生系统主要包括物理实体、虚拟系统、连接和服务应用四个部分。

1）物理实体

物理实体是指生产现场的环境，包括各种设备，如工业机器人本体、控制柜和传感器。传感器采集的运行数据和这些设备的基本数据，是建立虚拟系统并驱动虚拟系统的数据基础。

2）虚拟系统

虚拟系统是数字孪生系统的一个重要组成部分。虚拟系统是对物理实体的真实映射，能够反映其静态和动态特征。

虚拟系统分为孪生模型和孪生数据两部分。孪生模型是对物理实体特征的真实写照，这些特征包括位置、几何尺寸、材质、从属关系、运动学特征等。通过实时数据映射，孪生模型可真实反映物理实体的状态，实现对物理实体的监控。孪生模型作为物理实体的复制，可实现仿真功能，从而快速、低成本、高安全性地验证设备能否完成工作任务。孪生数据来自物理实体，经过处理和存储后，作为数据源驱动孪生模型。孪生数据与孪生模型之间的交互通过逻辑脚本实现。

3）连接

连接是沟通物理实体和虚拟系统的桥梁，即通过传输网络和定义数据接口，实现物理实体和虚拟系统之间双向的数据传递，使数据在彼此之间流动，达到物理实体和虚拟系统的交互融合。一方面，连接将传感器采集的物理实体中设备的运行数据传送给虚拟系统，实现物理实体与虚拟系统间的实时数据映射；另一方面，物理实体通过连接接收虚拟系统指令或数据，从而实现物理实体和虚拟系统之间的双向数据流动。

4）服务应用

服务应用是指所建立的数字孪生系统可提供的功能，具体包括运动仿真、三维可视化监控和运行状态重现功能。运动仿真功能可实现虚拟环境下的示教、轨迹试运行和碰撞检测，三维可视化监控功能可实现对机器人运行状态的监控，运行状态重现功能可实现机器人运行的逆时复现。

任务二　工业机器人数字孪生工作站联调与运行

任务描述

使用工业机器人数字孪生虚拟调试软件对工业机器人工作站调试应用实训平

台进行虚拟化，搭建一个工业机器人应用编程一体化创新实训平台，完成电机减速机的虚拟装配并与实际工作站进行联调。

（1）首先将物料筒体装配到变位机装配模块上，将电机筒体装配到变位机装配模块上的物料筒体中，然后将减速机装配到物料筒体中，最后将法兰装配到物料筒体中。

（2）与实际工作站进行通信，完成虚实联调。

所采用的软件为工业机器人数字孪生虚拟调试软件，此软件是一款围绕工业机器人系统集成设计、工业机器人应用编程培训教学的工具型软件，支持华中数控、ABB等国内外多个品牌机器人，能够在虚拟环境中进行设备操作编程以及与实际设备连接时的同步运行，并且在虚拟环境中能对设备平台运行流程的逻辑关系进行验证。同时，该软件也支持与实际的工业机器人控制器以及PLC硬件设备的实时连接，实现设备的虚拟调试以及同步运行展示。

任务实施

1. 虚拟工作站搭建

为搭建工业机器人数字孪生系统，首先要对实体工作站进行建模，本次选用的工作站为项目二中介绍的工业机器人工作站调试应用实训平台的升级版本，如图8-1

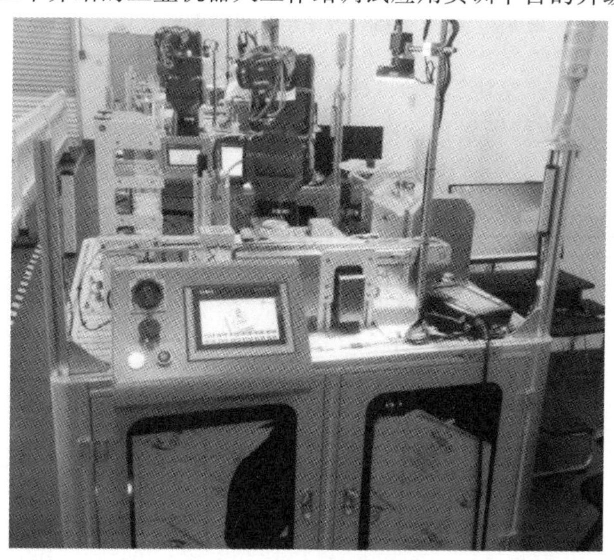

图8-1 工业机器人工作站调试应用实训平台升级版本

所示，同时使用工业机器人数字孪生虚拟调试软件对工作站进行建模。

本实训平台包括称重与 RFID 模块支架、RFID 模块、井式供料模块、仓储模块、变位机模块、工业机器人（HSB 型）、快换工具模块、实训台、标定模块、物料暂存模块、皮带运输模块、称重单元组件、视觉检测模块、旋转供料模块。

双击，打开工业机器人数字孪生虚拟调试软件，如图 8-2 所示。

图 8-2　工业机器人数字孪生虚拟调试软件界面

点击“模型库”→“模块”，找到“HSR_实训台”，如图 8-3 所示。双击“HSR_实训台”，将实训台加载到场景视图中，如图 8-4 所示。

可以使用表 8-1 所示的快捷键完成视图的放大、缩小、旋转、平移等操作。

表 8-1　软件操作快捷键使用表

效果	操作
快速放大	W 键或者鼠标滚轮
快速缩小	S 键或者鼠标滚轮
平移	长按鼠标中键平移视角，按 A 键快速左移视角，按 D 键快速右移视角
旋转视角	鼠标右键
慢速放大、缩小	ALT＋鼠标右键

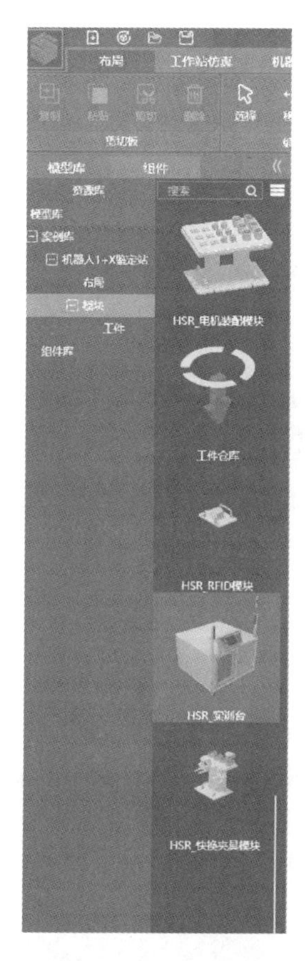

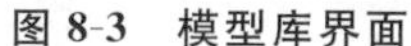
图 8-3　模型库界面

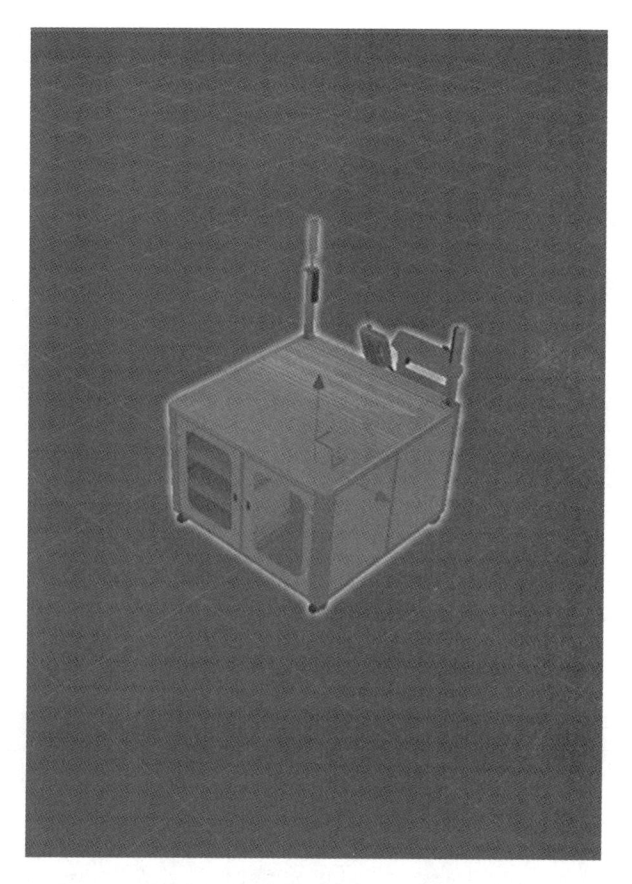

图 8-4　将实训台添加到工作场景

用鼠标单击实训台上的坐标轴(用蓝色、绿色和红色表示三个轴线)并移动来调整实训台在场景视图中 Z 轴、Y 轴和 X 轴的位置,也可以在屏幕右边"模型属性"中直接输入 X、Y、Z 轴的位置及绕 X、Y、Z 轴转动的角度来设置实训台在场景视图中的位置。

接着添加工业机器人,双击"HSR_工业机器人(HSB 型)"将机器人添加到场景视图中,拖曳机器人上的坐标轴或在右侧"模型属性"中设置相应参数来调整机器人在实训平台上的位置,如图 8-5 所示,请仔细调整,确保机器人在实训台上的位置与实际工作站中的位置一致。

接着依次添加称重与 RFID 模块支架、RFID 模块、井式供料模块、仓储模块、变位机模块、快换工具模块、标定模块、物料暂存模块、皮带运输模块、称重单元组

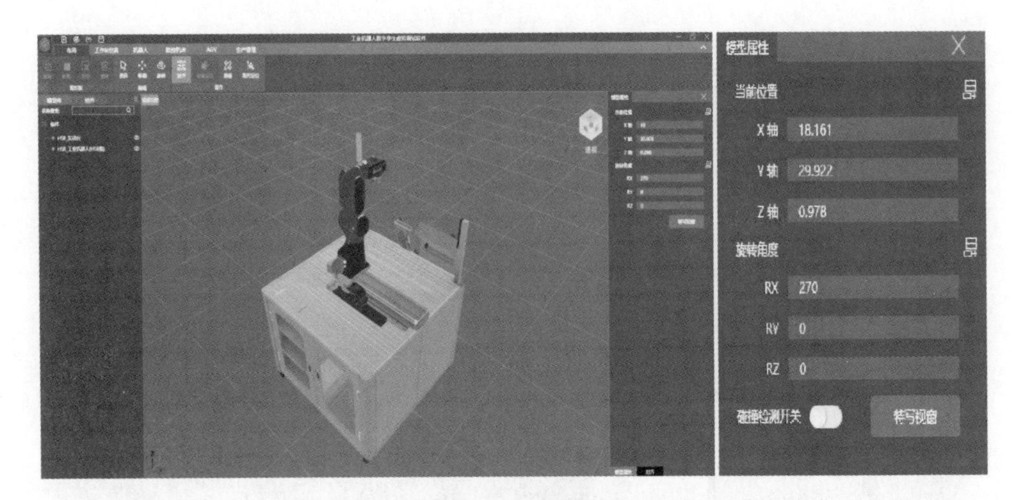

图 8-5 将机器人添加到场景视图

件、视觉检测模块、旋转供料模块，通过拖曳各模块上的坐标轴或者在右侧“模块属性”中输入坐标值，调整各模块的位置，确保各模块在实训台上的位置与实际工作站中的一致，最终搭建出虚拟工作站，如图 8-6 所示。

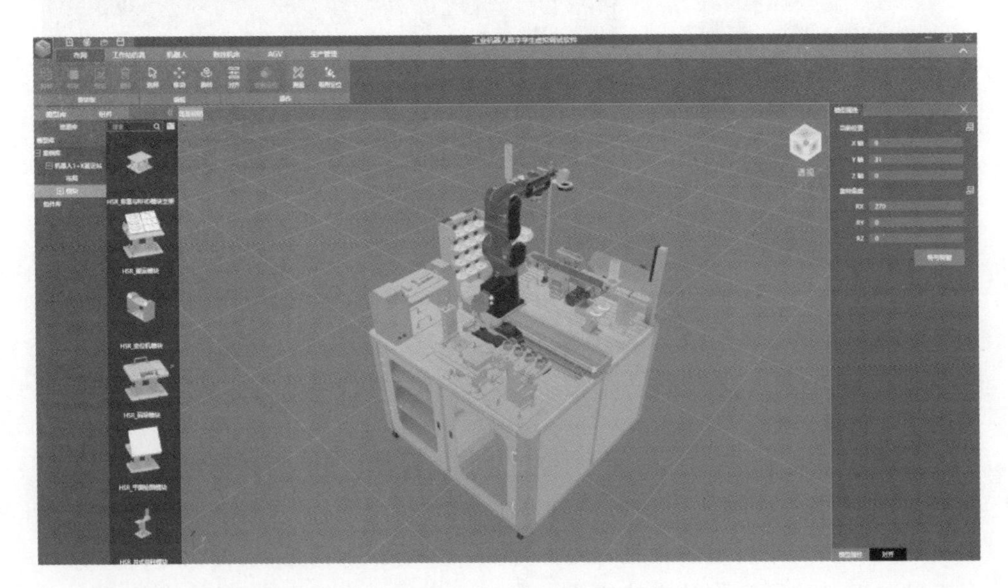

图 8-6 虚拟工作站

完成建模后，需要对部分模块设置参数，给其添加上输入输出信号，如变位机气缸的伸缩运动使能信号、工具的使能信号、夹持到位信号、输送带使能信号、输送带运动速度信号、位置传感器检测信号等。

在“工作站仿真”选项卡中，单击“对象”→“气缸”→“单控气缸”，如图 8-7 所示，在右侧“单控气缸容器”选项卡中可以设置名称，如变位机气缸，单击“绑定模型”栏，此时该栏由黑色变为蓝色，表示此时可以通过鼠标选取模块来完成模型的绑定，如图 8-8 所示。在“布局”选项卡中展开“HSR_变位机模块”→“HSR_变位机旋转机构”→“HSR_变位机气缸”，双击“HSR_变位机气缸”，“绑定模型”设置为“HSR_变位机气缸”，如图 8-9 所示，点击“单控气缸容器”选项卡中的按钮，对设置进行保存。

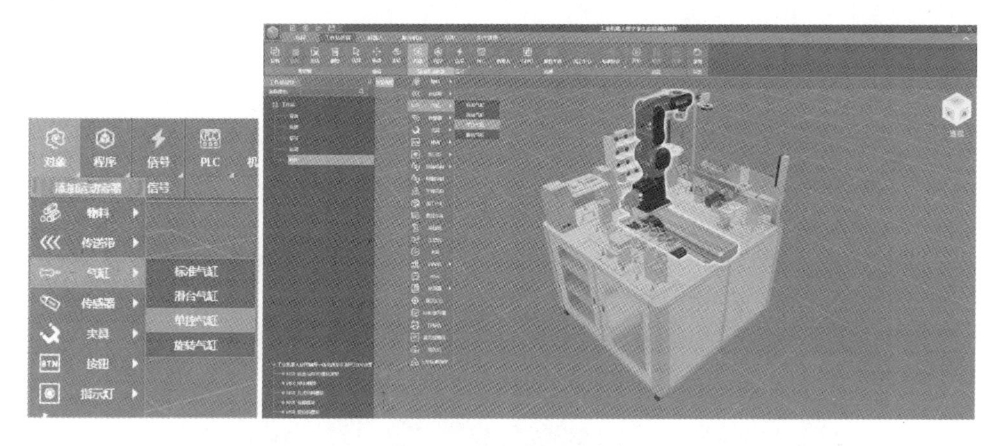

图 8-7　添加气缸对象

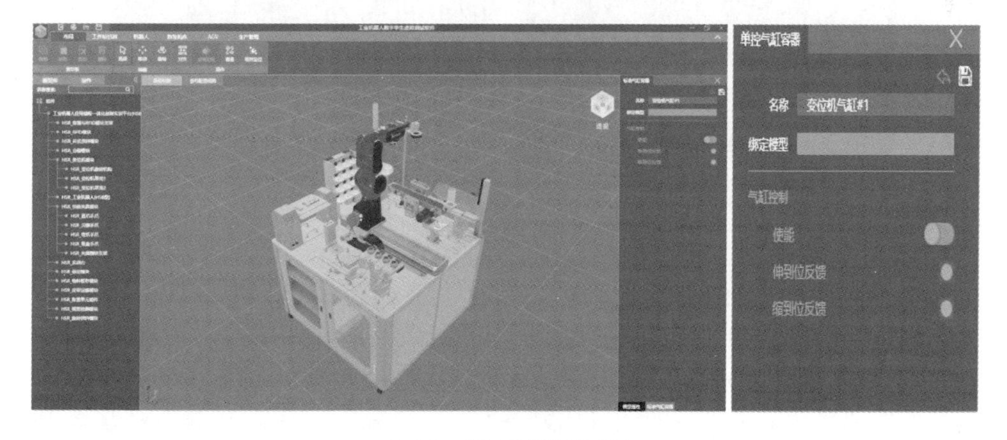

图 8-8　“绑定模型”界面

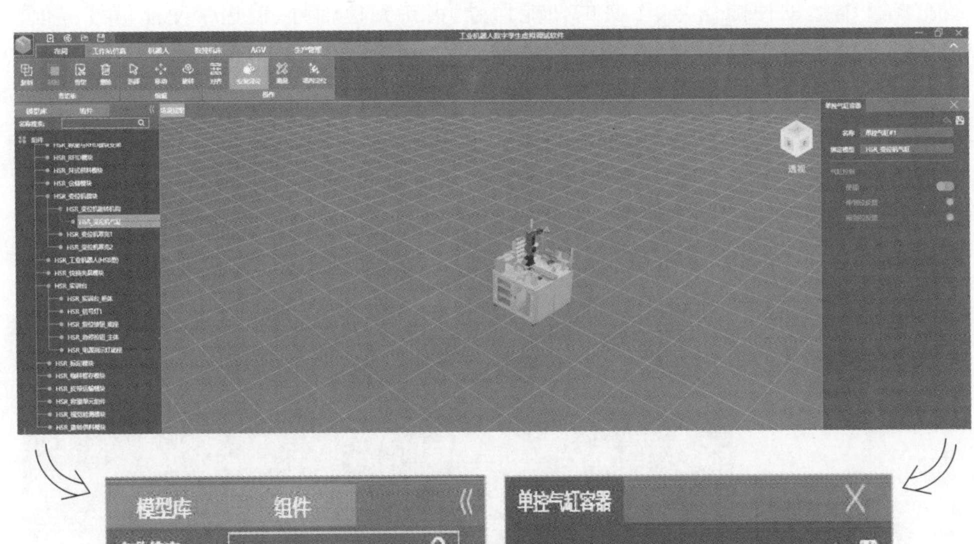

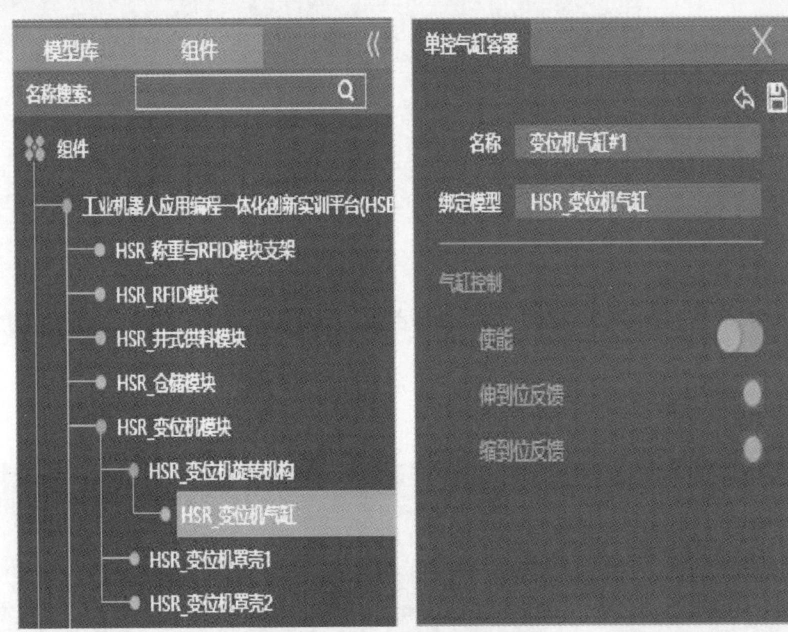

图 8-9　绑定 HSR_变位机气缸

按上述方法,添加快换夹头对象容器,在“工作站仿真”选项卡中单击“对象”→“夹具”→“快换夹头”,在“布局”选项卡中依次展开“HSR_工业机器人(HSB型)”→“HSR 行走轴底座”→“HSR 工业机器人”→“华数 J1 轴底座”→“华数 J1 旋转座”→“华数 J2 轴”→“华数 J3 轴”→“华数 J4 轴”→“华数 J5 轴”→“华数 J6 轴法兰盘”→“HSR 快换头”,将“HSR 快换头”设置为绑定模型,点击右侧“快换夹头容器”选项卡中的保存按钮进行保存。

添加工具对象容器，在“工作站仿真”选项卡中单击“对象”→“夹具”→“手爪夹具”，在“手爪夹具容器”选项卡的“名称”栏中填写手爪的名字，修改为“弧口夹具”，在“布局”选项卡中依次展开“HSR_快换夹具模块”→“HSR_弯爪手爪”，将“HSR_弯爪手爪”设置为绑定模型，点击右侧容器选项卡中的保存按钮进行保存。

添加手爪对象容器，在“工作站仿真”选项卡中单击“对象”→“夹具”→“手爪夹具”，在“手爪夹具容器”选项卡的“名称”栏中填写手爪的名字，修改为“直口夹具”，在“布局”选项卡中依次展开“HSR_快换夹具模块”→“HSR_直爪手爪”，将“HSR_直爪手爪”设置为绑定模型，点击右侧容器选项卡中的保存按钮进行保存。

添加吸盘对象容器，在“工作站仿真”选项卡中单击“对象”→“夹具”→“吸盘工具”，在“吸盘工具容器”选项卡的“名称”栏中填写“吸盘工具”，将“HSR_吸盘手爪”设置为绑定模型，点击右侧容器选项卡中的保存按钮进行保存。

添加传送带对象容器，在“工作站仿真”选项卡中单击“对象”→“传送带”→“普通传送带”，在“普通传送带容器”选项卡的“名称”栏中填写“普通传送带”，将“HSR_皮带运输模块”设置为绑定模型，点击右侧容器选项卡中的保存按钮进行保存。

添加回转机构对象容器，在“工作站仿真”选项卡中单击“对象”→“回转机构”→“圆形回转机构”，在“圆形回转机构容器”选项卡的“名称”栏中填写“圆形回转机构”，将“HSR_转盘”设置为绑定模型，点击右侧容器选项卡中的保存按钮进行保存。

添加气缸对象容器，在“工作站仿真”选项卡中单击“对象”→“气缸”→“单控气缸”，在“单控气缸容器”选项卡的“名称”栏中填写“井式供料气缸”，将井式供料模块中的“HSR_气缸组件”设置为绑定模型，点击右侧容器选项卡中的保存按钮进行保存。

添加传感器对象容器，在“工作站仿真”选项卡中单击“对象”→“传感器”→“光电传感器”，在“光电传感器容器”选项卡的“名称”栏中填写“光电传感器”，将“HSR_皮带线_限位开关 2 件”设置为绑定模型，点击右侧容器选项卡中的保存按钮进行保存。

完成以上设定后，本任务的对象容器设定就完成了。其他对象容器，因本任务暂未用到可以不用设置，如有需要可以按上述方法进行设置。

最后，需要将本任务所使用的工件（包括电机筒体、物料筒体、减速机和法兰）

放置到工作站中。本任务将物料筒体放置在仓储模块的底座12位置，如图8-10所示。

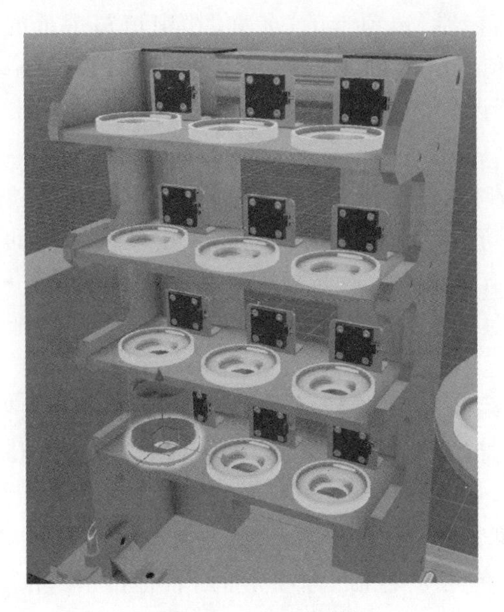

图8-10　仓储模块

为了快速将物料筒体放置在此位置，首先在“布局”选项卡中，依次展开“HSR_仓储模块”→“HSR_料仓物料底座12”，单击“模型属性”选项卡中“当前位置”旁边的→“复制属性”，复制底座12的位置坐标，如图8-11所示。

在“布局”选项卡中，点击“模型库”→“模块”→“工件”，找到“SZHSR_物料筒体”，将其添加到场景视图中，单击“模型属性”选项卡中“当前位置”旁的→“粘贴属性”，将底座12的位置坐标赋值给物料筒体，如图8-12所示。

在“模型属性”中将“RZ”值设为“90”，即将物料筒体绕Z轴旋转90°，如图8-13所示，按住物料筒体Z轴进行拖动，使其略微离开仓储模块。开启仿真后，物料筒体在重力作用下会准确落入仓储模块的底座中。注意，物料筒体与底座12的距离既不能太远，又不能与底座12干涉，否则仿真时物料筒体无法落入底座12中。

接着添加电机筒体，将电机筒体放置在HSR_旋转供料模块的底座006位置上。首先在“布局”选项卡的组件下依次展开“HSR_旋转供料模块”→“HSR转盘”→“HSR_物料底座006”，单击“模型属性”选项卡中“当前位置”旁边的→“复制属性”，复制底座006的位置坐标，如图8-14所示。

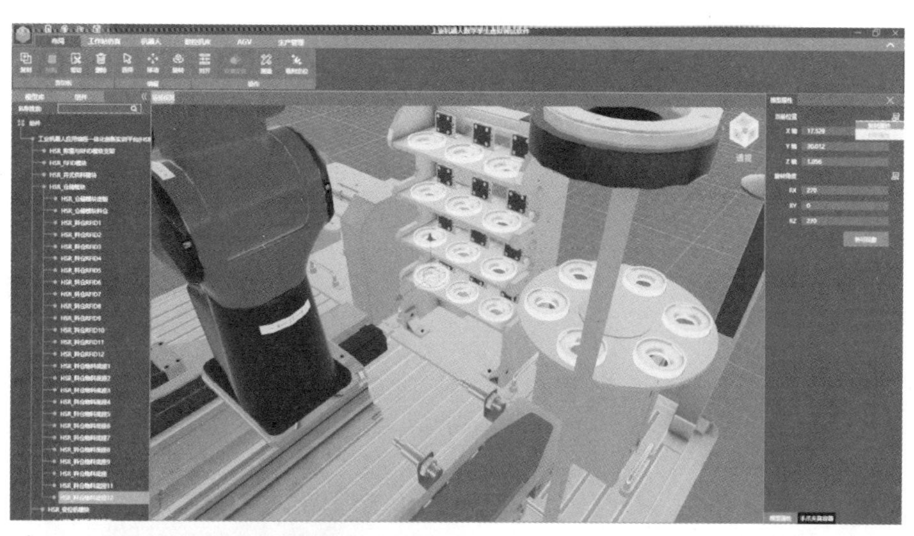

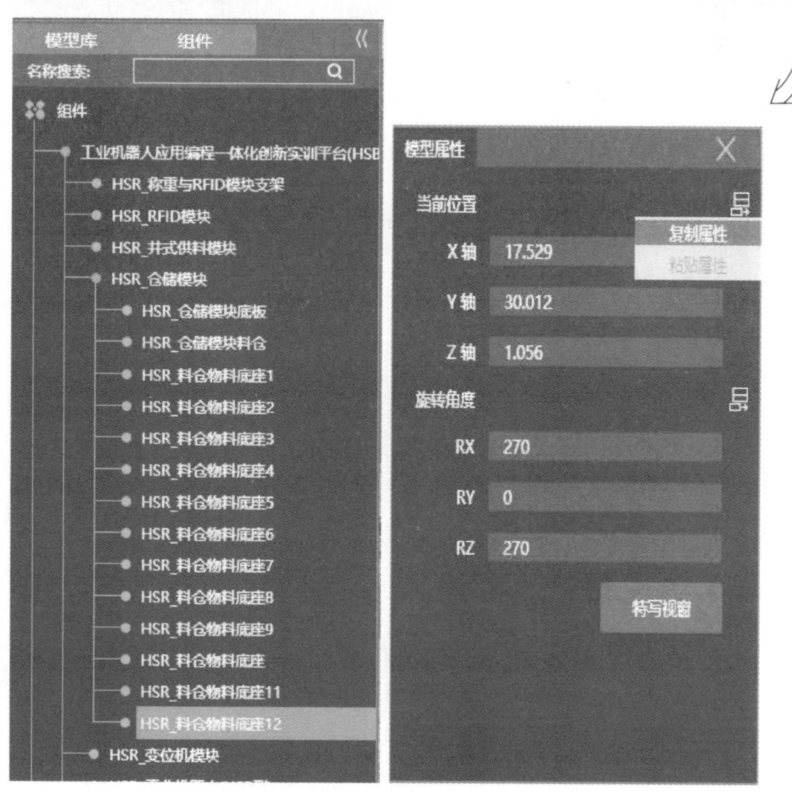

图 8-11　复制底座 12 坐标

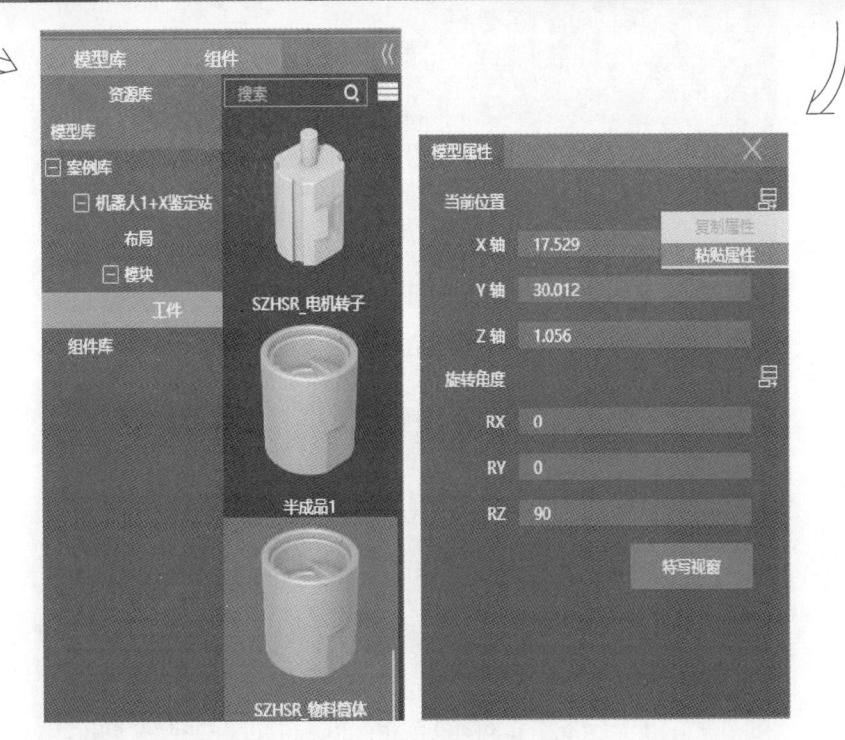

图 8-12　物料筒体模型属性赋值

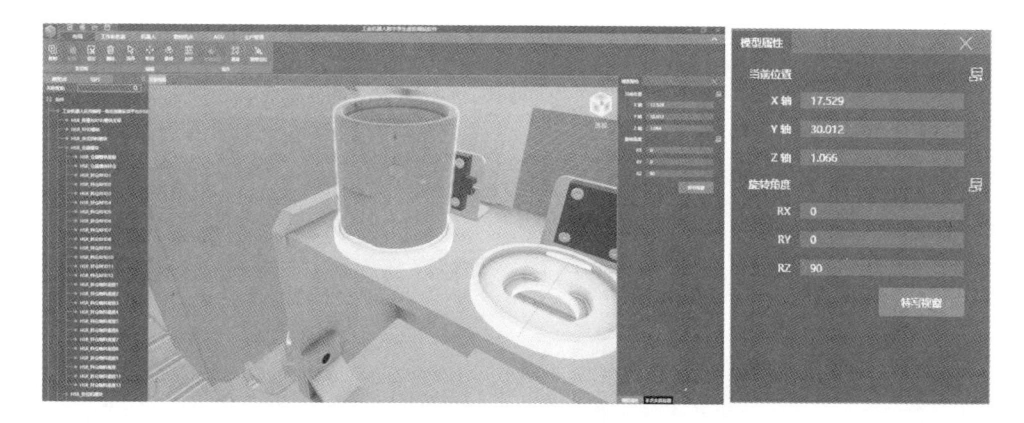

图 8-13　物料筒体位置

在“布局”选项卡中，点击“模型库”→“模块”→“工件”，找到“SZHSR_电机筒体”，添加到场景视图中，单击“模型属性”选项卡中“当前位置”旁的→“粘贴属性”，将底座 006 的位置坐标赋值给电机筒体，如图 8-15 所示。

拖动电机筒体的坐标轴，调整电机筒体的位置，使电机筒体略微离开底座 006，如图8-16 所示。接着点击“工作站仿真”选项卡中的仿真开始按钮，开启仿真，观察物料筒体和电机筒体能否准确落入底座中，如果能准确落入，说明电机筒体和物料筒体位置正确；如果无法准确落入，说明位置不合适，点击“结束”按钮，调整电机筒体和物料筒体的位置，再次进行仿真，直至电机筒体和物料筒体能够准确落入底座中。最后，点击“结束”按钮，关闭仿真。

在“布局”选项卡，点击“模型库”→“模块”→“工件”，找到“SZHSR_减速机”，添加到场景视图中，通过移动减速机坐标系，调整减速机的位置，使减速机处于井式供料模块的底部，如图 8-17 所示。

按同样的方法将 SZHSR_输出法兰添加到场景视图中，使法兰处于井式供料模块中减速机的上方。

上述操作完成后，虚拟工作站的搭建即完成了。

2. 虚拟工作站逻辑调试

虚拟工作站逻辑调试的主要内容包括录制机器人的程序、机器人与其他模块的 I/O 信号应答、按照一定的逻辑顺序完成指定的工作任务，具体步骤如下：

（1）机器人拾取弧口夹具将物料筒体从料仓中夹出，放置到装配台上，装配台上夹具夹紧；

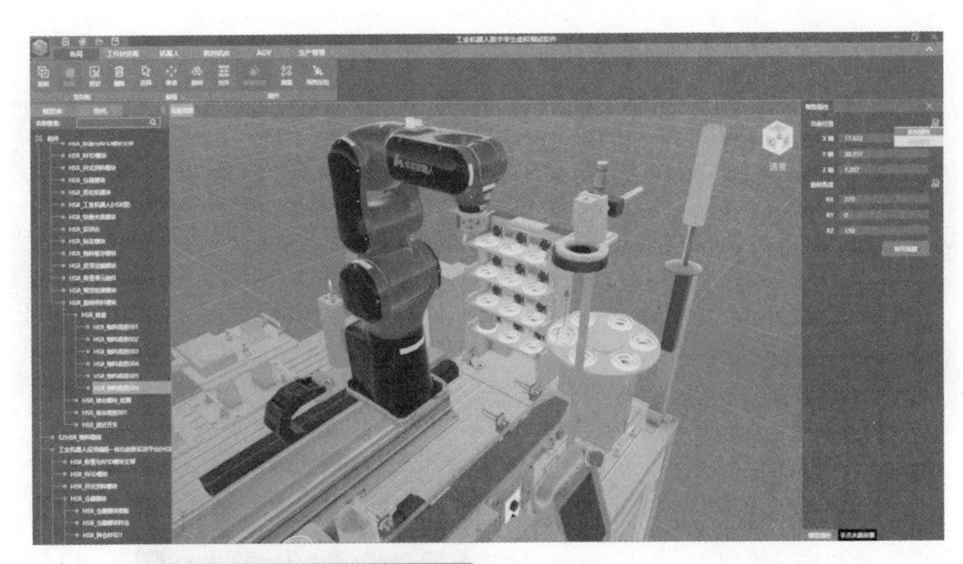

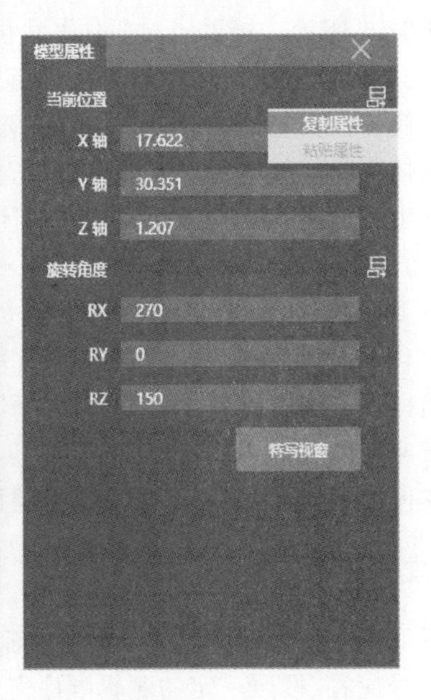

图 8-14　复制底座 006 位置坐标

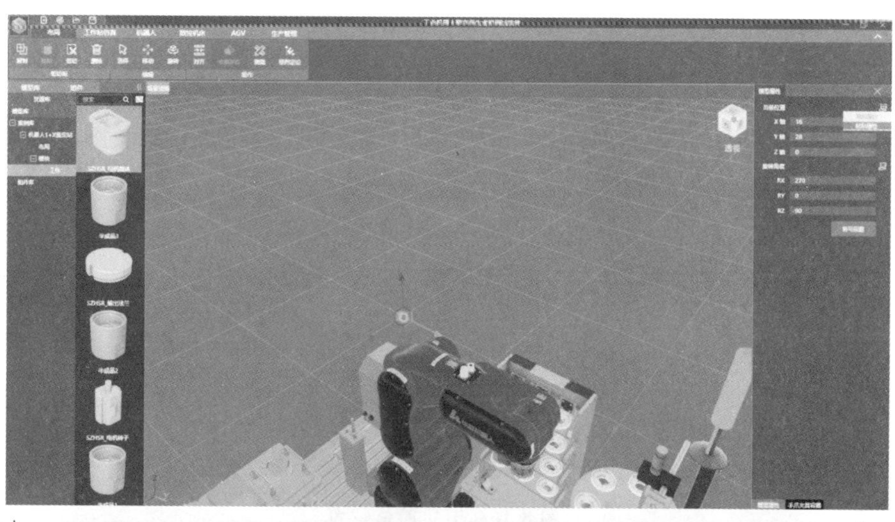

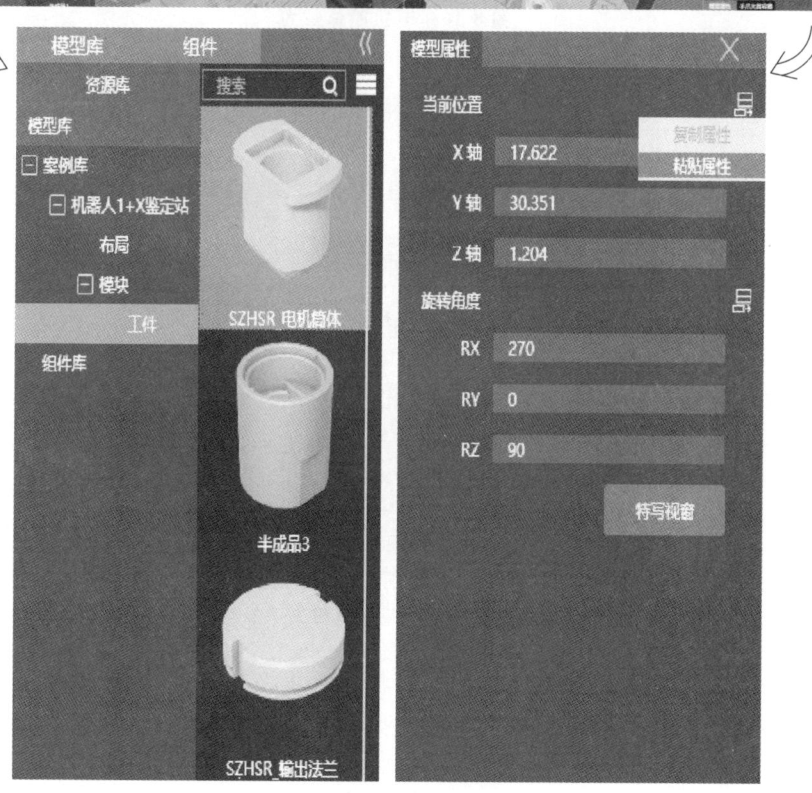

图 8-15　电机筒体模型属性赋值

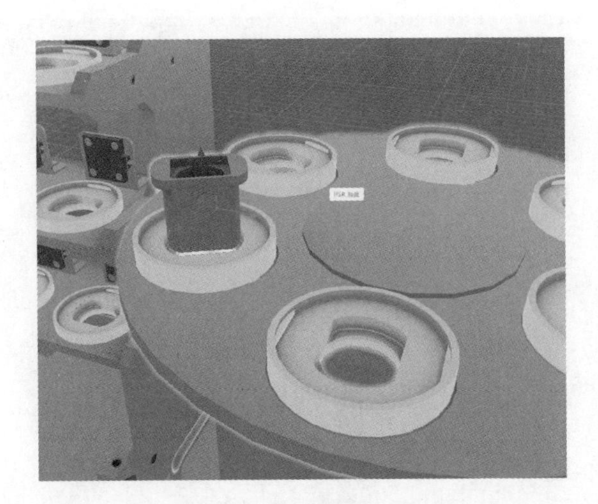

图 8-16　电机筒体位置

图 8-17　减速机位置

(2) 旋转供料模块旋转到指定位置，机器人更换为直口夹具并将旋转供料模块上的电机筒体夹起，移动并放置到被夹紧的物料筒体内；

(3) 皮带运输模块启动，井式料仓将减速机推出，接触到第二位光电传感器后皮带运输模块停止，机器人更换为吸盘工具，将减速机吸取并放到物料筒体中；

(4) 皮带运输模块启动，井式料仓将法兰工件推出，接触到第二位光电传感器后皮带运输模块停止，机器人将其吸取并放置到物料筒体上；

(5) 机器人更换为弧口夹具，装配台上夹具松开，机器人将装配好的成品夹起，放置到原物料筒体在料仓中的位置。

下面具体分析一下步骤(1)，其流程图如图 8-18 所示。其他步骤请读者根据需要自己设计。

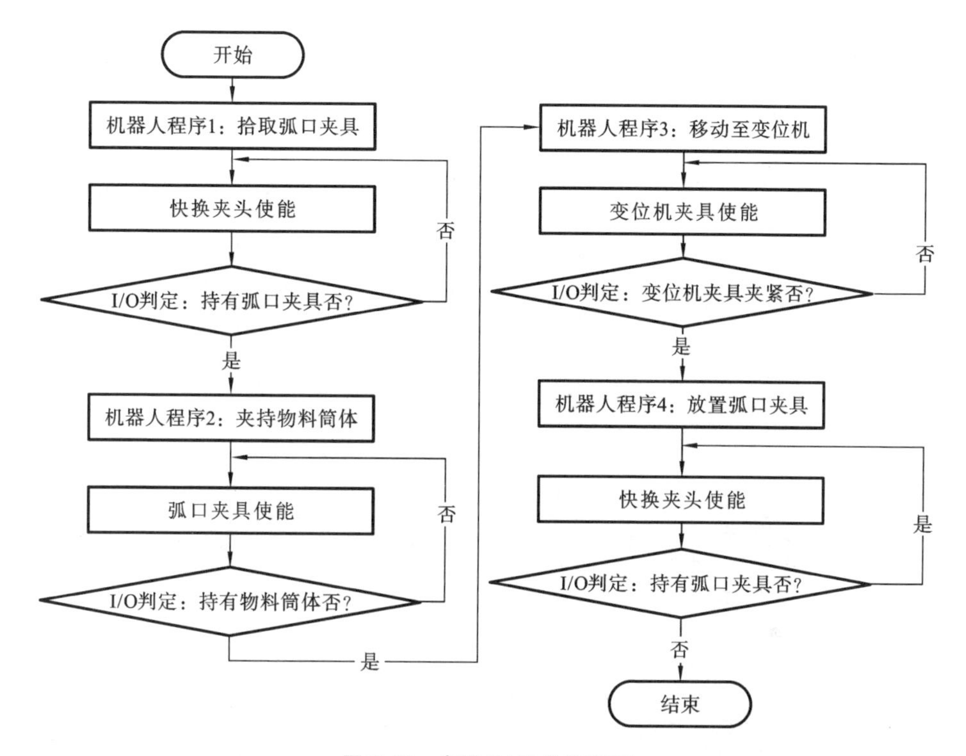

图 8-18　步骤(1)具体流程图

点击“机器人”选项卡中的“虚拟示教”按钮下的“六轴机器人虚拟示教”，如图 8-19 所示。单击右侧“6 轴虚拟示教 # 1”选项卡中的“示教对象”栏，当其变成蓝色时，在“布局”选项卡的组件中点击“HSR_工业机器人(HSB 型)”，将“示教对象”设置为“HSR_工业机器人(HSB 型)”，如图 8-20 所示。

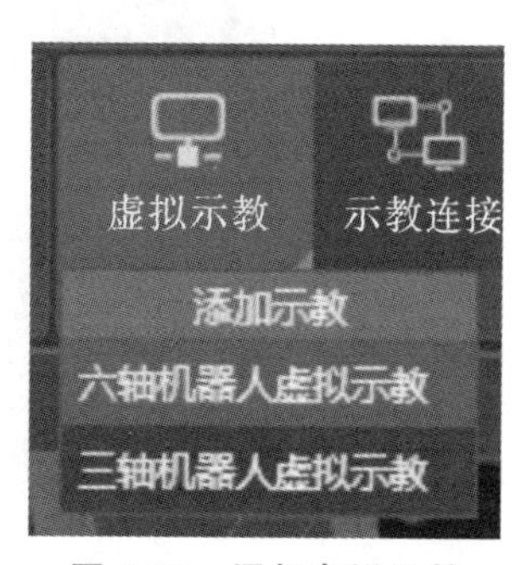

图 8-19　添加虚拟示教

在“运行速率”下拉框中可以设置机器人运行速率，比如选择“增量:30%”，则机器人以 30% 的速度

图 8-20　设置虚拟示教机器人

运行。点击“扩展轴”中“Ext1”的“配置”按钮，在弹出的“附加轴 EX1 配置”选项中，点击“运动对象”栏，当其变为蓝色后，点击“布局”选项卡中组件下的“HSR_工业机器人(HSB 型)”→“HSR_行走轴底座”，将“运动对象”设置为“HSR_行走轴底座”，点击“校零”按钮进行校零，根据实际机器人情况设置转换率，如 0.001，点击“确定”，如图 8-21 所示。

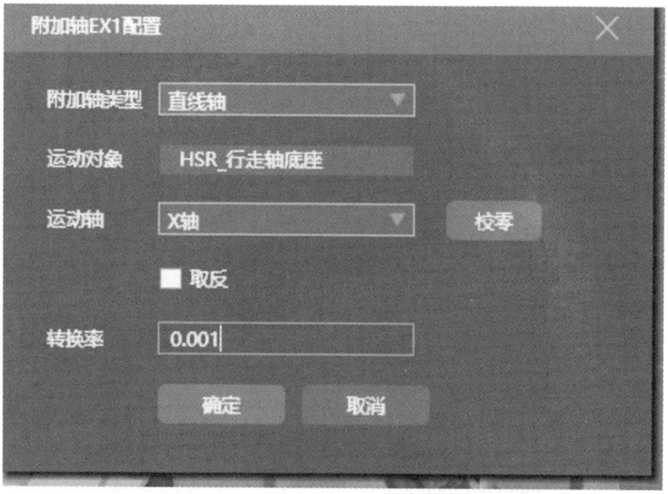

图 8-21　配置附加轴

点击“记录位置”按钮，记录下此时的示教位置 P1 点，可以对点位进行重命名，如机器人原点点位，然后点击“更新点位”，完成 P1 点示教。点位名称可以根据需要自由命名，只要能通过名称知道机器人位置即可。

点击“6 轴虚拟示教＃1”选项卡中的“拖曳示教”中的“位置”，此时机器人本体上出现坐标轴，如图 8-22 所示。通过拖曳使机器人转到实训台的左侧，如图 8-23 所示。点击“记录位置”，在示教点位 P2 中重命名点位名称，如左侧过渡点位，点击“更新点位”，完成 P2 点位的示教。

点击“6 轴虚拟示教＃1”选项卡中的“拖曳示教”中的“位置”，通过拖曳机器人上的坐标轴及点击“Ext1”左、右两边的“＋”“－”调整机器人在底座上的位置，点击“J6”左、右两边的“＋”“－”调整快换夹头的角度，使快换夹头正好处于弧口夹具的正上方且稍微高于弧口夹具。点击“记录位置”，修改 P3 点位名称为弧口夹具点位，点击“更新点位”，完成 P3 点位示教，如图 8-24 所示。P3 点位即为拾取弧口夹具点位。为了检测此时机器人能否正确拾取弧口夹具，点击“工作站仿真”选项卡中“仿真”的“开始”按钮，依次单击左侧“工作站设计”下的“工作站”→“运动”→

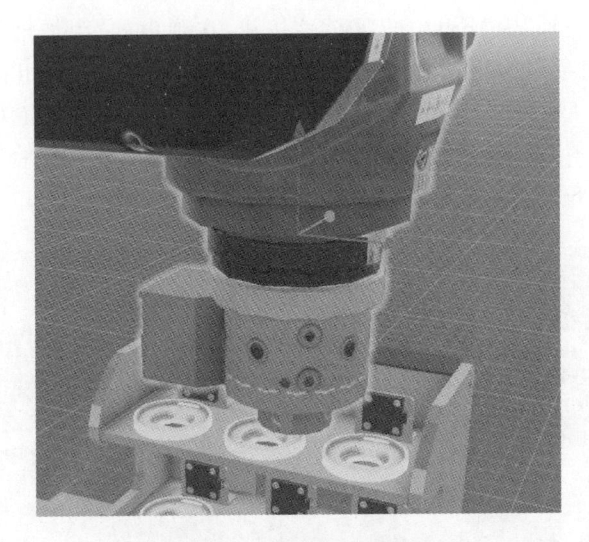

图 8-22　机器人坐标轴

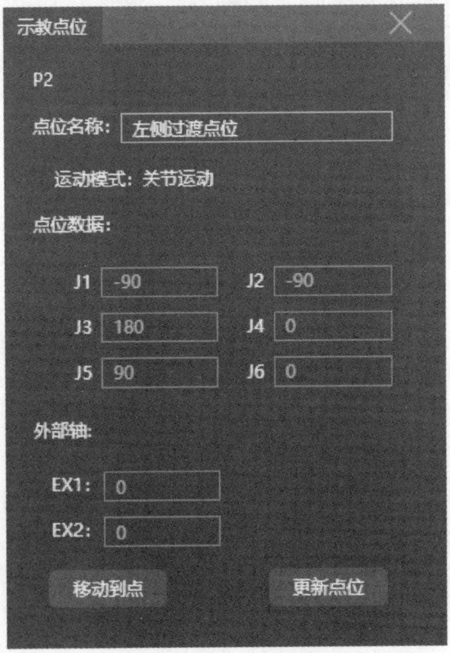

示教点位

P2

点位名称：左侧过渡点位

运动模式：关节运动

点位数据：

J1 -90　J2 -90

J3 180　J4 0

J5 90　J6 0

外部轴：

EX1：0

EX2：0

移动到点　更新点位

图 8-23　机器人 P2 点位

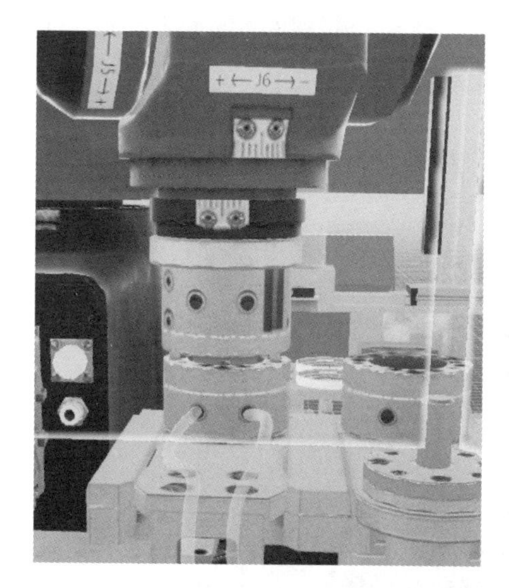
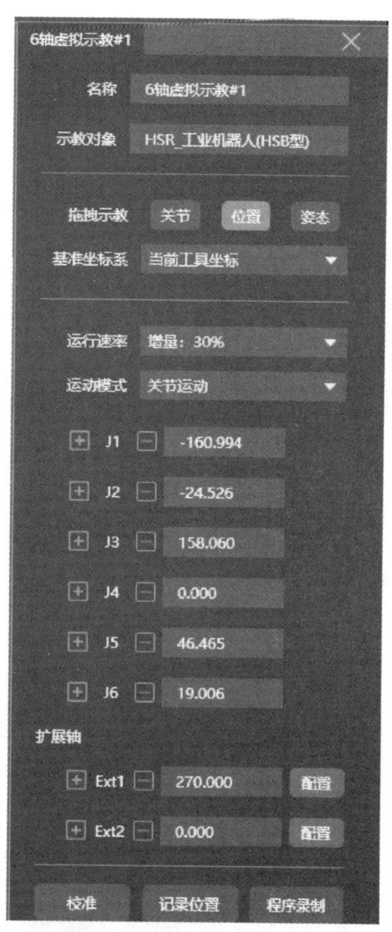

图 8-24　机器人 P3 点位

“快换夹头＃1”，观察右边“快换夹头容器”中“夹具控制”下的“快换匹配检测”的颜色显示，如果此时是绿灯，如图 8-25 所示，表示此时快换夹头可以拾取到弧口夹具；如果是灰色，说明快换夹头无法拾取到弧口夹具，需要继续调整机器人的位置，直到“快换匹配检测”亮绿灯，并重新示教此位置。最后，点击“工作站仿真”中“仿真”的“结束”按钮，此时机器人会直接回到原点位置，点击“机器人”选项卡中的“虚拟示教”，在左侧选择“示教点位”中的“P3：弧口夹具点位”，在右侧“示教点位”中点击“移动到点”，使机器人移动到弧口夹具点位。

点击“6 轴虚拟示教＃1”选项卡中的“拖曳示教”中的“位置”，通过拖曳机器人上的 Z 坐标轴，使其离开弧口夹具一段距离，作为拾取弧口夹具的过渡点位，如图

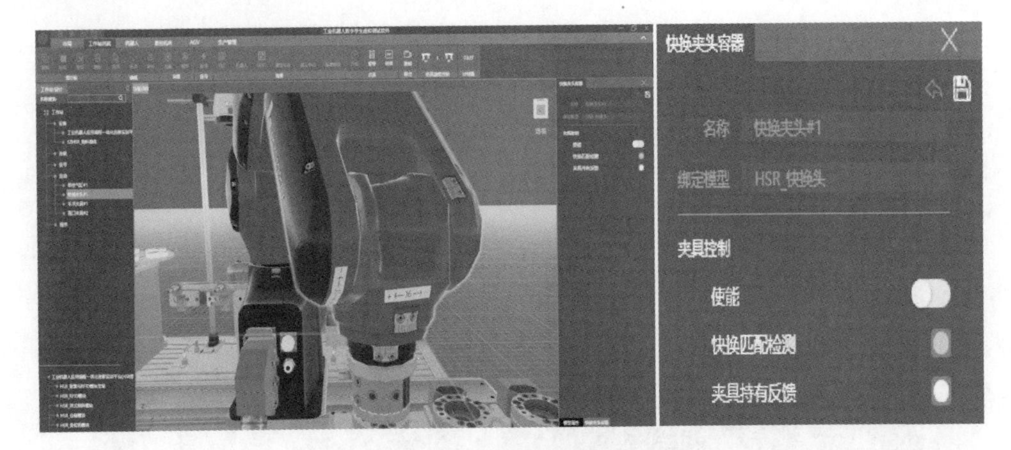

图 8-25 快换匹配检测

8-26 所示，点击“记录位置”，重命名 P4 点的名称为弧口夹具拾取过渡点位，点击“更新点位”，完成 P4 点位示教。

图 8-26 机器人 P4 点位

接下来编写机器人程序 1：拾取弧口夹具。

机器人正确的运动路径应该是从 P1 点出发，到达 P2 过渡点，再运动到 P4 弧口夹具拾取过渡点，最后运动到 P3 弧口夹具点位。厘清机器人的运动轨迹后，在右侧“6 轴虚拟示教＃1”选项卡中点击“录制”，在右侧“示教程序”中，重命名程序名称为“拾取弧口夹具”，程序命名可随意，只要能通过名称明白程序的功能即可。

在“运动指令”中选择“MoveJ”,“MoveJ”表示机器人以最快捷的方式运动至目标点,但机器人运动状态不完全可控,而“MoveL”表示机器人以线性方式移动到目标点。在“点位选择”下拉框中,下拉选择“P1:原点点位”,点击“新增”按钮,增加P1点位。在“点位选择”中选择“P2:左侧过渡点位”,点击“新增”按钮,增加P2点位。在“点位选择”中选择“P4:弧口夹具拾取过渡点位”,点击“新增”按钮,增加P4点位。为保证P4点到P3点之间的运动为直线运动,在“运动指令”中选择“MoveL”,在“点位选择”中选择“P3:弧口夹具点位”,点击“新增”按钮。点击右下角的“重置”按钮,使机器人回到P1点,然后点击“录制”,录制完成后点击“试运行”,观察机器人的运动姿态是否合理,是否与其他模块发生干涉。如不合理或者存在干涉,调整示教点位重新录制,直至合理无干涉为止,即完成第一段程序录制,如图8-27所示。

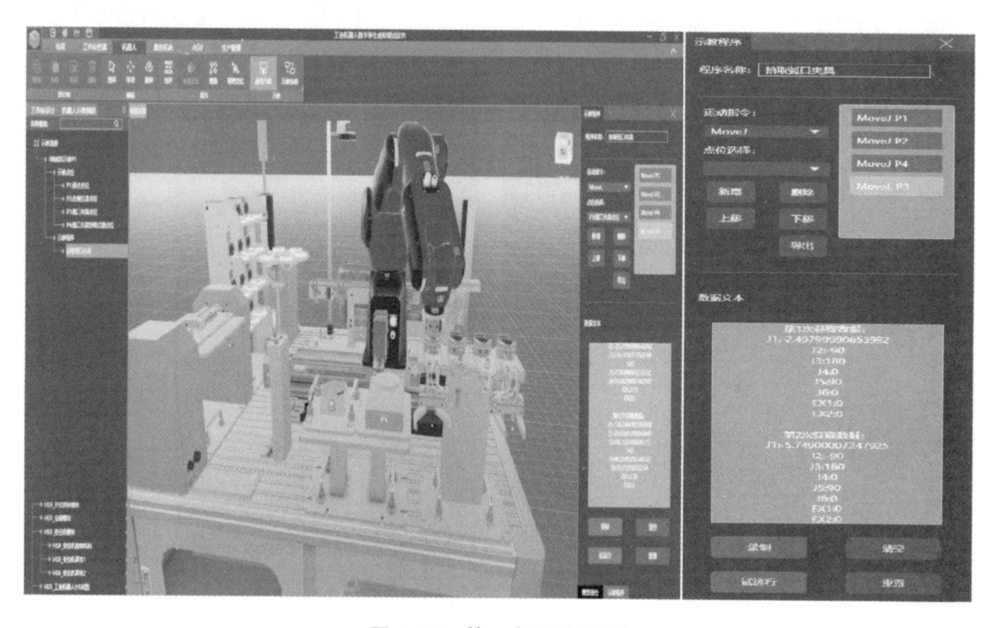

图8-27　第一段程序录制

接下来录制机器人程序2:夹持物料筒体。如果此时机器人不在P3点位,在“机器人”选项卡中选择“虚拟示教”,在左侧“示教连接”中点击“P3:弧口夹具点位”,在右侧“示教点位”中点击“移动到点”,将机器人移动到P3弧口夹具点位,如图8-28所示。

点击“工作站仿真”选项卡中“仿真”的“开始”按钮,在左侧选择快换夹头,在右侧点击“使能”,如图8-29所示,此时“快换匹配检测”和“夹具持有反馈”都会亮

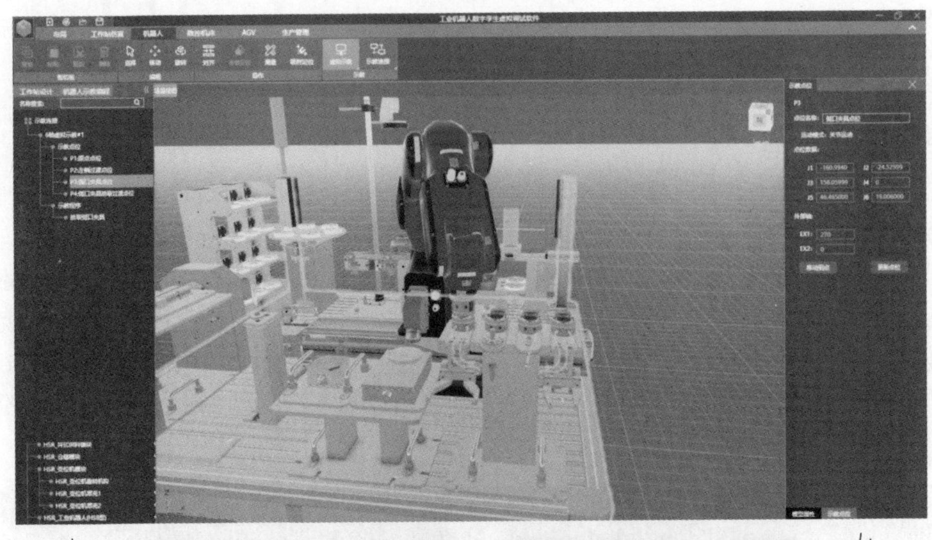

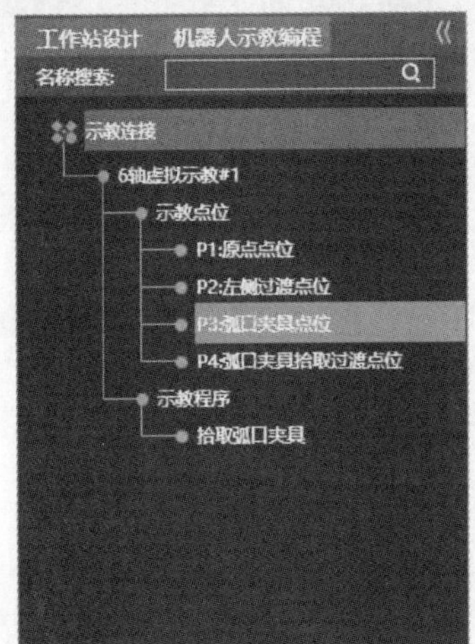

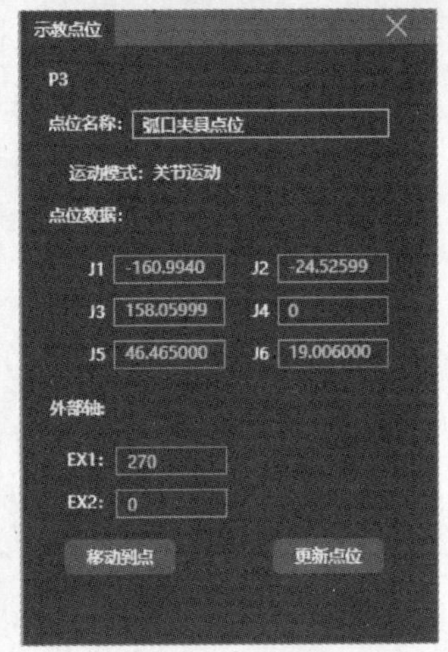

图 8-28 机器人移动到 P3 点位

绿灯，表明弧口夹具已安装在快换夹头上。

按照机器人程序 1 编写的方式，示教机器人从 P3 弧口夹具点位到物料筒体拾取点的关键点位，然后关闭仿真，将机器人移动到 P3 点位，完成程序的录制，修改程序名称为“夹持物料筒体”。点击“试运行”，观察机器人的运动姿态是否合理，是否和工作站其他模块发生干涉，如果存在干涉或运动姿态不合理，则调整示教点位，重新录制程序，直到机器人姿态合理且不与其他模块发生干涉为止，完成第二段程序录制，如图 8-30 所示。

图 8-29 快换夹头使能

图 8-30 第二段程序录制

开启仿真，将弧口夹具移动至物料筒体拾取点，在“工作站仿真”选项卡中，在左侧依次点击“工作站”→“运动”→“手爪夹具＃1”，在右侧“手爪夹具容器”中点击“工具控制”的“使能”按钮，若“有料检测”和“工件持有反馈”亮绿灯，此时在中间的场景视图中就可以观察到弧口夹具夹紧物料筒体，如图 8-31 所示。

图 8-31　弧口夹具有料及工件持有检测

通过虚拟示教，记录合适位置，直至将物料筒体放置到变位机上，此时物料筒体应离开变位机一小段距离，如图 8-32 所示。

图 8-32　物料筒体在变位机中的位置

结束工作站仿真，将机器人移动至上一段程序最后一个示教点，即物料筒体的拾取点，点击右侧“示教程序”中的“录制”，完成程序的录制，重命名程序为“移动至变位机”。点击“试运行”，观察机器人运动姿态及是否和其他模块发生干涉，不断调整示教点，直到机器人处在合适运动姿态且不与其他模块发生干涉，完成第三段程序录制，如图 8-33 所示。

点击“工作站仿真”选项卡下“仿真”的“开始”按钮，开启工作站仿真，将弧口夹具先移动至上一步程序的最后一个示教点，即物料筒体在变位机上的点，通过不断示教点位，将弧口夹具放回到快换工具模块上，关闭仿真，重新将机器人位置移动至物料筒体在变位机上的点，完成程序录制，将程序重命名为“放置弧口夹具”，点击“试运行”，观察机器人运动姿态及是否与其他模块干涉，不断调整示教点，直至机器人处在合适运动姿态且不与其他模块发生干涉，完成第四段程序录制，如图 8-34 所示。

至此完成步骤(1)的机器人程序录制，接下来为机器人添加程序容器，加入输入输出信号。

点击“工作站仿真”选项卡下的“程序”，点击“机器人”，如图 8-35 所示，为机器人添加程序容器。在右侧“机器人容器”中点击“绑定模型”，选择框变蓝后，在“布局”选项卡的组件下选择“HSR_工业机器人(HSB 型)”，将其设置为绑定模型，如图 8-36 所示。

修改“1. 信号事件”中的“型号名称”为“开始”，表示此信号为程序开始信号。

“事件类型”选择“程序”，点击“添加事件”，在“2. 程序事件”中的“程序”框中下

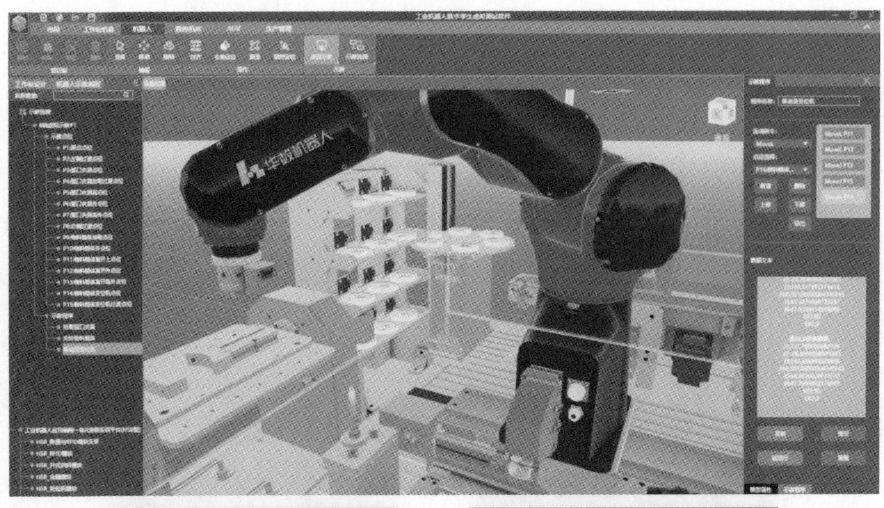

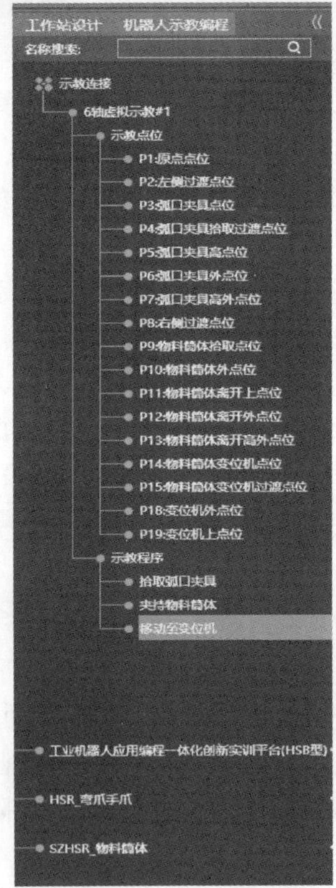

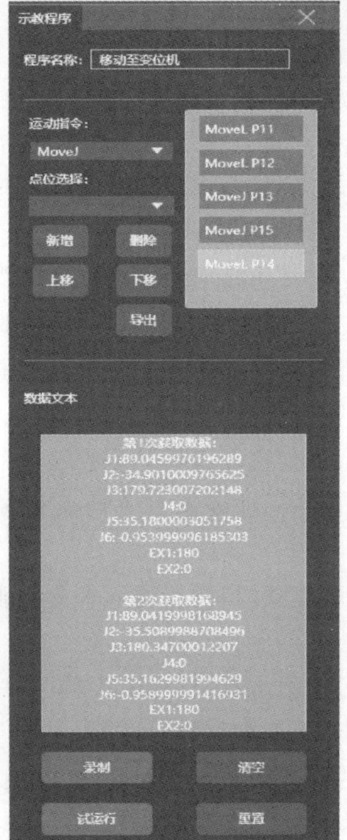

图 8-33　第三段程序录制

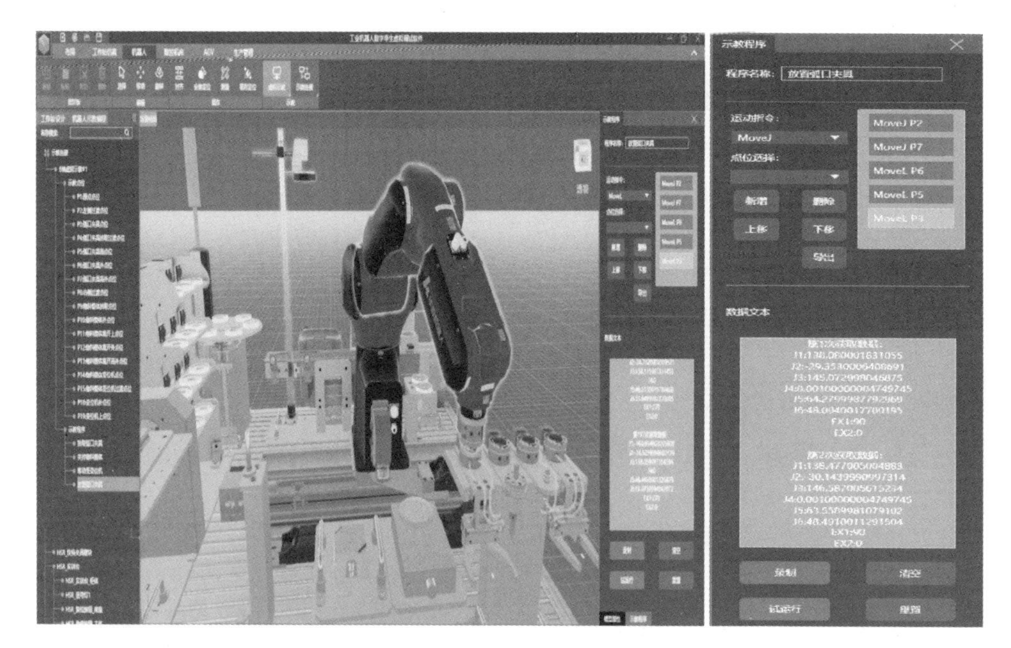

图 8-34　第四段程序录制

拉选择“拾取弧口夹具”，表示开始执行拾取弧口夹具程序，执行完毕后机器人位于弧口夹具拾取点位。

“事件类型”选择“信号”，点击“添加事件”，在“3. 信号事件”中，将“信号名称”命名为“快换夹具使能”，“信号类型”设为“Output”，表示此信号由机器人发出。信号名称可以随意命名，只要能通过名字了解此时机器人要发出的信号即可。此处信号表明准备让机器人使能快换夹头，拾取快换工具。

点击“添加事件”，在“4. 信号事件”中，将“信号类型”设为“Input”，“信号名称”改为“弧口夹具持有信号”，“Input”表示此信号为机器人接收信号，当收到此信号时表明机器人已经持有弧口夹具。

图 8-35　为机器人添加程序容器

选择“事件类型”为“程序”，点击“添加事件”，在“5. 程序事件”的“程序”框中下拉选择“夹持物料筒体”，表示机器人接下来要将弧口夹具移动到物料筒体处。

“事件类型”选择“信号”，点击“添加事件”，在“6. 信号事件”中，“信号类型”选择“Output”，“信号名称”命名为“弧口夹具使能信号”，表示机器人发出弧口夹具

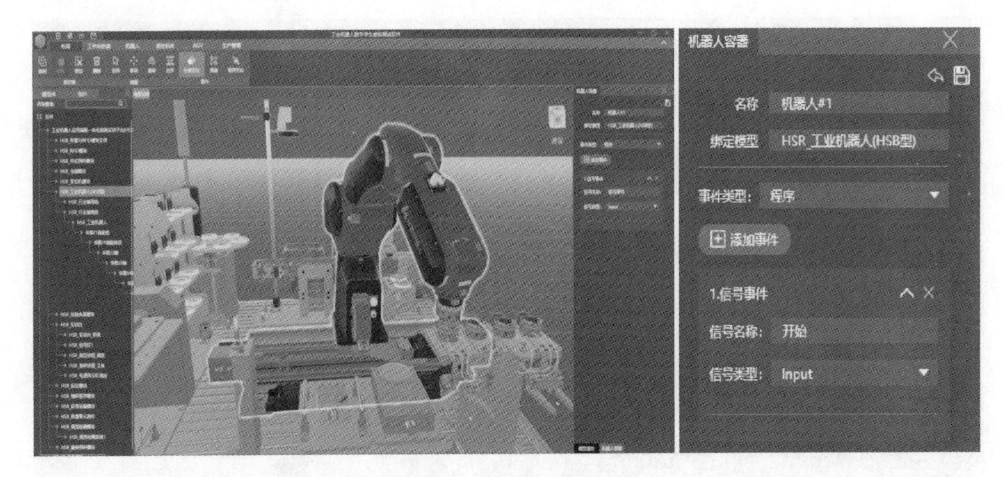

图 8-36　绑定机器人模型

使能信号,夹住物料筒体。

点击“添加事件”,在“7.信号事件”中,“信号类型”选择“Input”,“信号名称”命名为“弧口夹具夹紧反馈信号”,表示若机器人收到此信号,则弧口夹具已经夹紧物料筒体。

“事件类型”选择“程序”,点击“添加事件”,在“8.程序事件”的“程序”框中下拉选择“移动至变位机”,表示机器人夹住物料筒体后将执行程序,将物料筒体移动到变位机上。

选择“事件类型”为“信号”,点击“添加事件”,在“9.信号事件”中,“信号类型”选择“Output”,“信号名称”命名为“弧口夹具失能信号”,表示机器人发出弧口夹具失能信号,张开弧口夹具。

点击“添加事件”,在“10.信号事件”中,“信号类型”选择“Input”,“信号名称”命名为“弧口夹具张开反馈信号”,表示若机器人收到此信号,则弧口夹具已经张开,放置物料筒体于变位机上。

“事件类型”选择“程序”,点击“添加事件”,在“11.程序事件”中的“程序”框中下拉选择“放置弧口夹具”,表示机器人将物料筒体放置在变位机上后将执行此程序,将弧口夹具重新放回快换工具模块中。

“事件类型”选择“信号”,点击“添加事件”,在“12.信号事件”中,“信号类型”选择“Output”,“信号名称”命名为“快换夹头失能信号”,表示机器人发出快换夹头失能信号,松开弧口夹具。

点击“添加事件”,在“13.信号事件”中,“信号类型”选择“Input”,“信号名称”

命名为“弧口夹具未持有信号”，表示机器人收到此信号时，则弧口夹具已放置。点击右侧“机器人容器”中的“保存”按钮，保存机器人容器。

上述详细过程如图 8-37、图 8-38 所示。

图 8-37　机器人信号事件第一部分

图 8-38　机器人信号事件第二部分

图 8-39 添加机器人信号配置

完成上述步骤后，就为机器人添加了程序容器，此时机器人已有输入输出信号及程序，下面将输入输出信号与其他模块的输入输出信号连接起来，完成机器人的运行逻辑。

点击“工作站仿真”选项卡中的“信号”，选择“配置”，如图 8-39 所示，进入信号配置视图。此时各个功能块是重叠在一起的，点击各个功能块，平铺开来，并拖入一个寄存器到信号配置视图中，如图 8-40 所示。

按住“机器人＃1”的“快换夹具使能”处的灰色圆圈，并移动到寄存器功能块的 ON 的圆圈处，此时会有一条绿色的曲线将这两点连接起来，再按住寄存器功能块右侧的灰色圆圈，移动到“快换夹头＃1”处右侧“使能”的绿色圆圈，此时会有一条绿色曲线将这两点连接起来，如图 8-41 所示，此时表示将机器人的输出信号与快换夹头执行机构的输入信号连接起来，机器人发出信号后快换夹头执行机构就会去拾取工具。而之所以要加入寄存器，是因为在仿真环境中机器人发出信号后需要保持此信号，加入寄存器可锁存此信号。

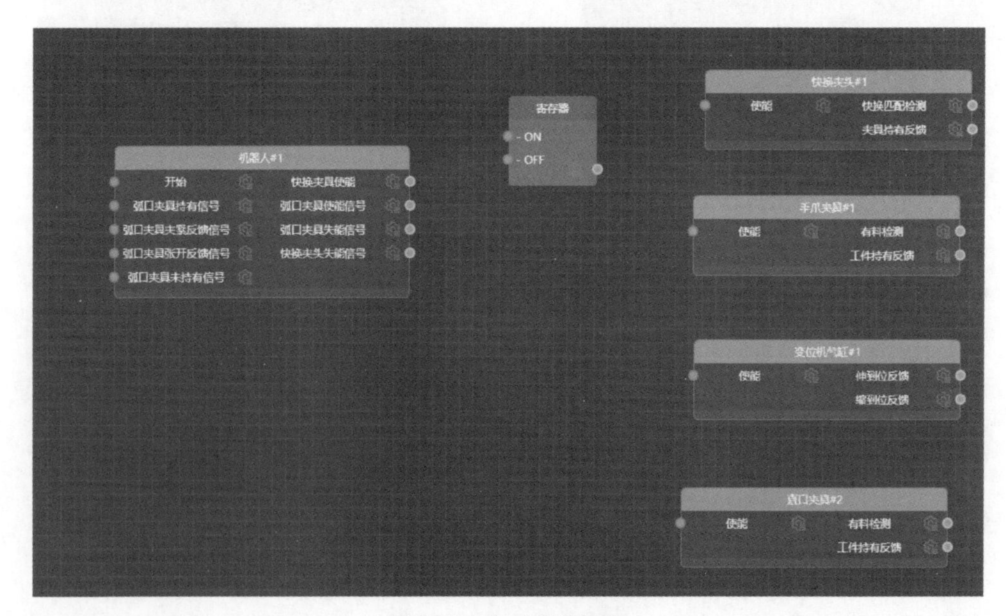

图 8-40 信号配置视图

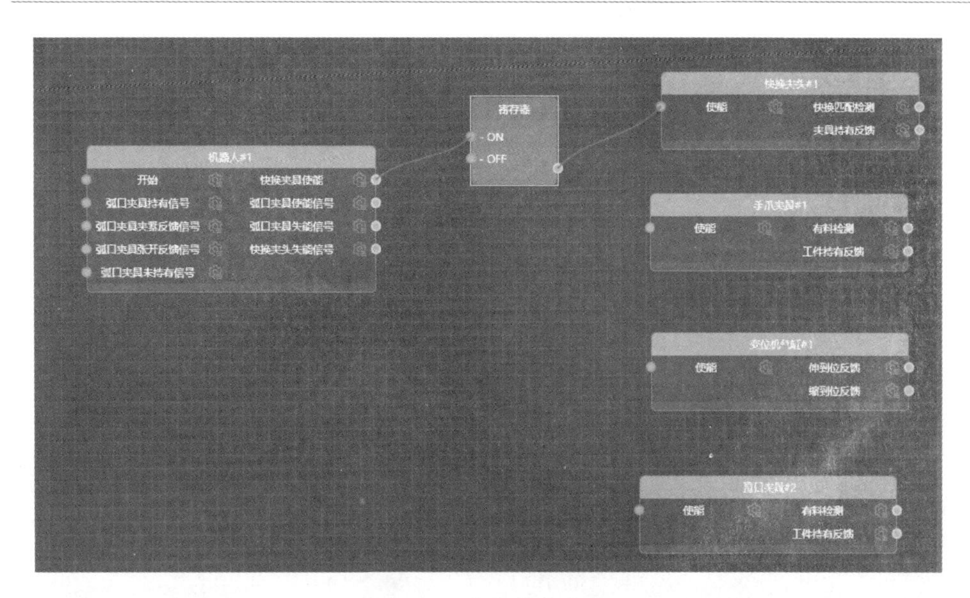

图 8-41　使能快换夹头

将“快换夹头＃1”处的“夹具持有反馈”与“机器人＃1”中的“弧口夹具持有信号”连接起来，表示将此信号反馈给机器人，表明此时已持有弧口夹具，如图 8-42 所示。

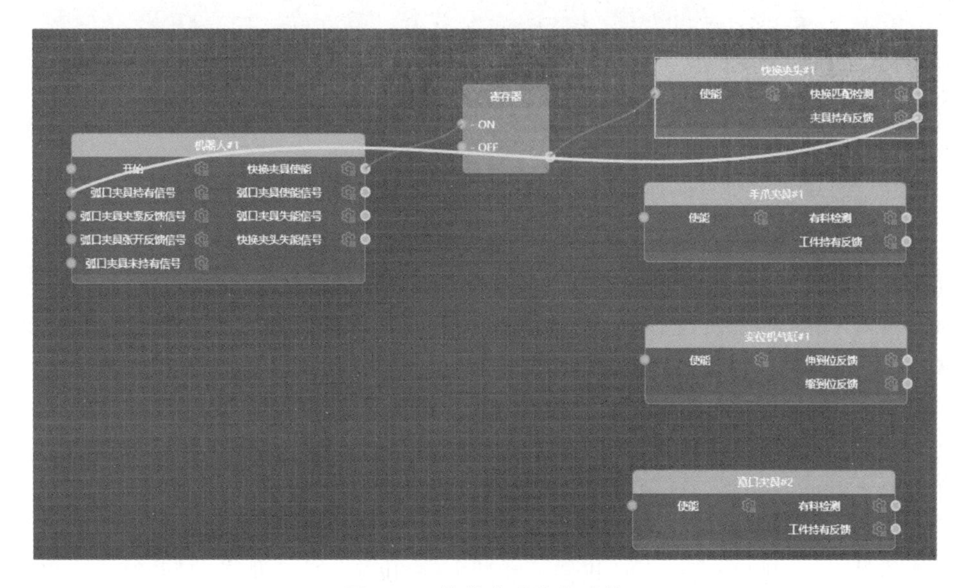

图 8-42　快换夹头信号反馈

机器人会去执行程序 2(即夹持物料筒体),将弧口夹具移动至物料筒体点位,机器人发出弧口夹具使能信号,在信号配置视图中再添加一个寄存器,将“机器人♯1”中的“弧口夹具使能信号”与第二个寄存器的 ON 连接,锁存机器人发出的信号,将寄存器输出端(灰色圆圈)与“手爪夹具♯1”的“使能”相连,这样夹具就可以接收机器人发出的使能信号,将“手爪夹具♯1”的“工件持有反馈”与“机器人♯1”中的“弧口夹具夹紧反馈信号”相连,这样机器人就能收到弧口夹具夹紧的反馈信号,如图 8-43 所示。

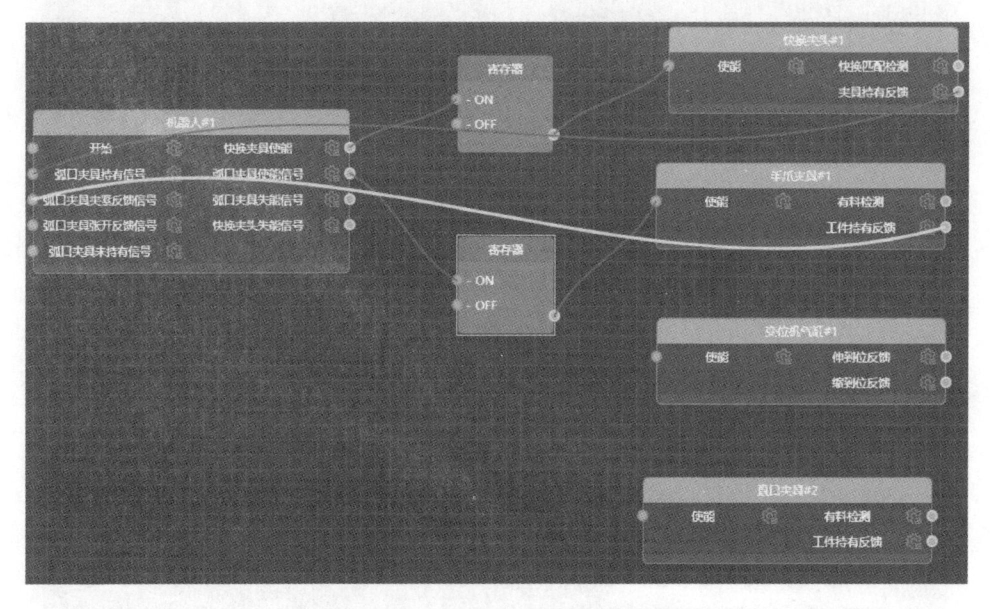

图 8-43　弧口夹具的使能与信号反馈

机器人执行程序 3,将物料筒体搬运到变位机上,然后机器人输出弧口夹具失能信号,张开弧口夹具,将“机器人♯1”中的“弧口夹具失能信号”与添加的第二个寄存器的 OFF 相连接,将寄存器输出端与“手爪夹具♯1”的“使能”相连接(前已连接,可不再连接),这样机器人发出的失能信号就能被夹具模块接收。添加一个“非”功能模块,将“手爪夹具♯1”的“工件持有反馈”与“非”功能模块的输入端相连,将“非”功能模块的输出端与“机器人♯1”的“弧口夹具张开反馈信号”连接,这样机器人就能收到弧口夹具反馈的张开信号,如图 8-44 所示。

机器人执行程序 4,将弧口夹具放回到快换工具模块上,机器人发出快换夹头失能信号,卸下弧口夹具。将“机器人♯1”中的“快换夹头失能信号”与第一个寄存器的 OFF 相连,第一个寄存器的输出端与“快换夹头♯1”的“使能”相连(由于已经

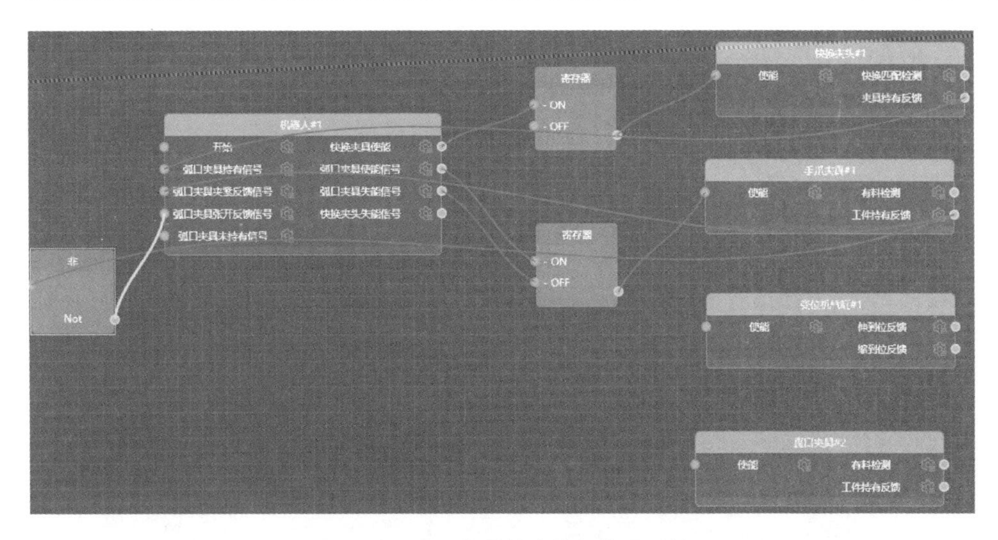

图 8-44　弧口夹具的失能与信号反馈

连接,所以不需要再次连接),这样机器人发出的快换夹头失能信号就能被快换夹头接收,将“快换夹头＃1”的“夹具持有反馈”与“非”功能模块的输入相连,“非”功能模块的输出与“机器人＃1”的“弧口夹具未持有信号”相连,这样机器人就能接收快换夹头反馈的未持有信号,如图 8-45 所示。

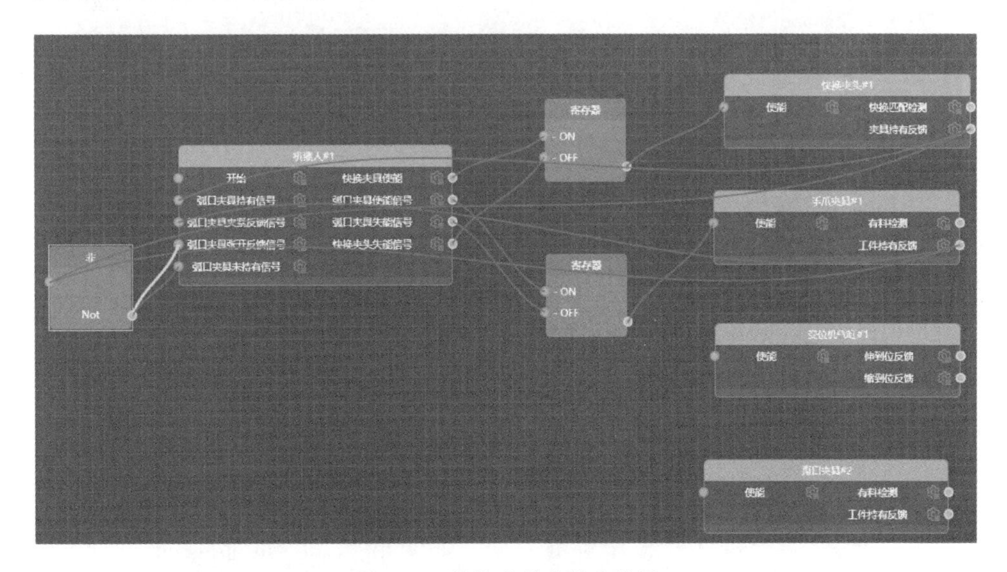

图 8-45　快换夹具未持有信号

在左侧“工作站设计”中选择“工作站”→“程序”→“机器人♯1”，单击“场景视图”，切换到场景视图，单击右侧“机器人容器”中最上方的保存按钮，保存设置。

至此完成了步骤(1)的工作站逻辑调试，其他步骤不再赘述，请自行完成。

3. 虚拟工作站仿真运行

完成工作站逻辑调试后，即可仿真运行，下面依然以步骤(1)为例说明。

点击“工作站仿真”选项卡下“仿真”的“开始”，如图 8-46 所示，在右侧“事件列

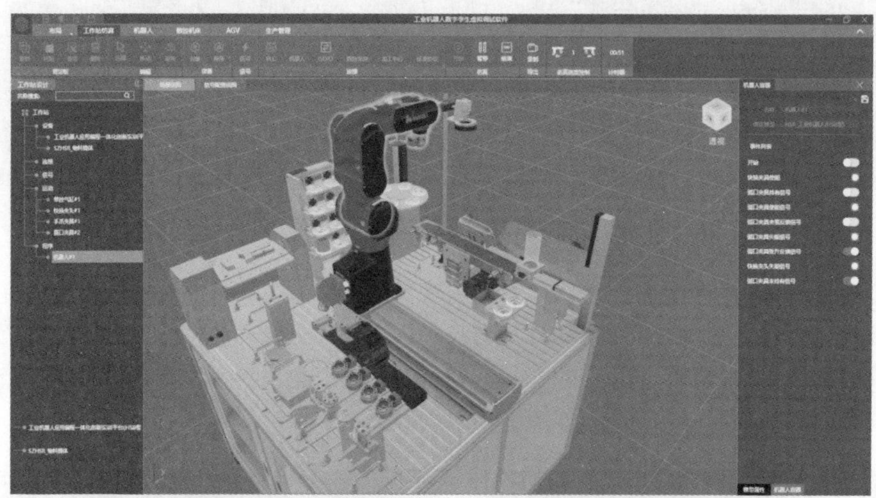

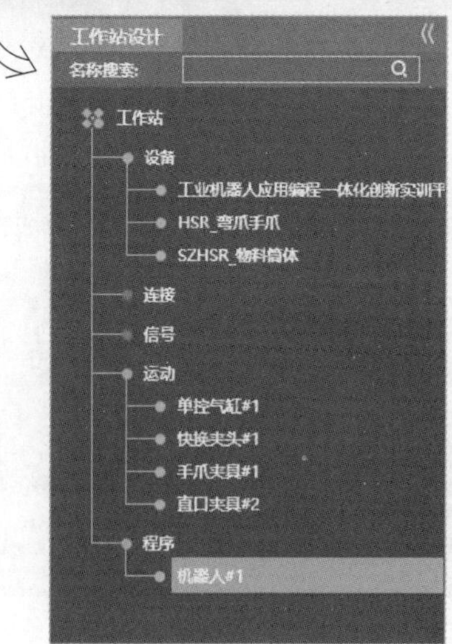

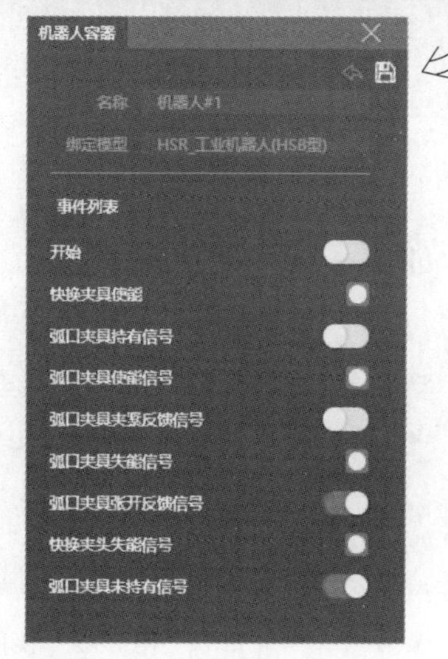

图 8-46　工作站仿真

表”中点击“开始”，即开始仿真。在仿真过程中仔细观察机器人运行的姿态是否合适，机器人的路径是否与规划的路径相同，工具及机器人本体是否与其他模块发生干涉，不断调整观察角度，如发现问题则关闭仿真，确认问题发生的位置，修改对应的对象容器、程序容器或信号容器，再次保存后重新仿真，直至无问题。

4. 虚实工作站通信

将机器人与示教器连接，在“工作站仿真”选项卡中，点击“机器人”→“华数机器人连接”，在右侧“机器人连接”中选择控制器类型和机器人类型，输入示教器的IP 地址和端口号，点击“连接”，如图 8-47 所示。

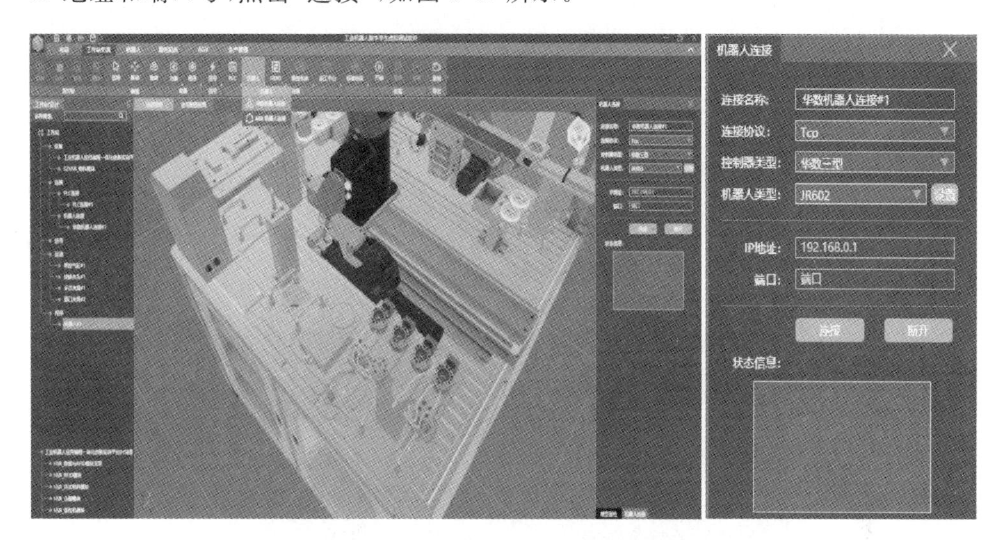

图 8-47　机器人与示教器连接

返回到“机器人”选项卡，点击“示教连接”，右侧弹出“示教连接”窗口。将“使用的连接”选择为第一步建立的“华数机器人连接＃1”，“连接的对象”选择“HSR_工业机器人(HSB 型)”。点击“连接”，等待报警信息为“连接成功”。如果想切换到虚拟轴，需要点击“切换虚拟轴”，等待报警信息为“切换虚拟轴成功”，注意这里等待时间较长，如图 8-48 所示。此时操纵示教器可看到实体工业机器人没有运动，而软件中的虚拟机器人会根据示教器的操作正常移动。注意，在切换到虚拟轴之前需要完成外部轴(即附加轴)配置。

外部轴 EX1 和 EX2 需要根据不同场景配置，具体配置时需要根据实物进行对应。点击“配置”，弹出附加轴配置对话框，依次按需要设置“附加轴类型”“运动对象”“运动轴”“转换率”，完成以后点击“确定”，如图 8-49 所示。注意，在输入转

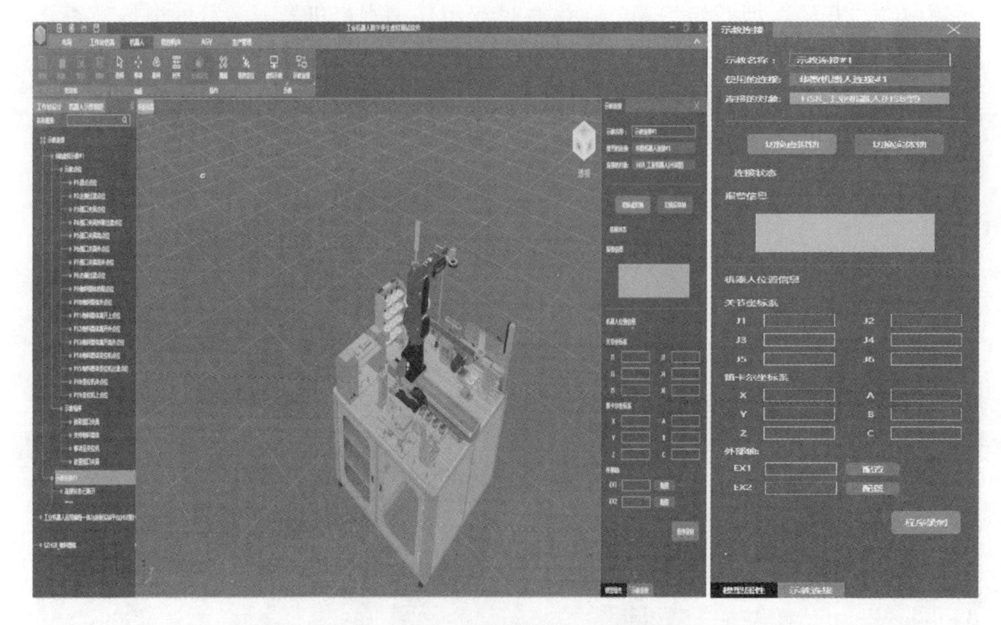

图 8-48　切换到虚拟轴

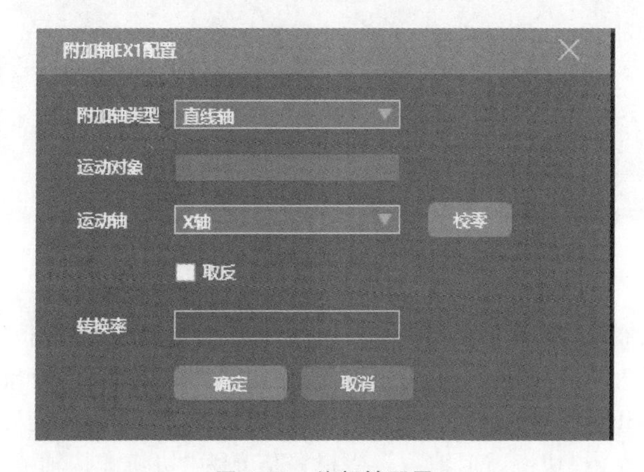

图 8-49　外部轴配置

换率之前需要进行零点校准，输入的转换率需要根据具体的实物进行调节，输入的数据越大，工业机器人移动的速度越快。

点击“工作站仿真”选项卡下的“PLC 连接”，新建 PLC 连接＃1，设置连接协议，输入 IP 地址和端口后进行连接，如图 8-50 所示。

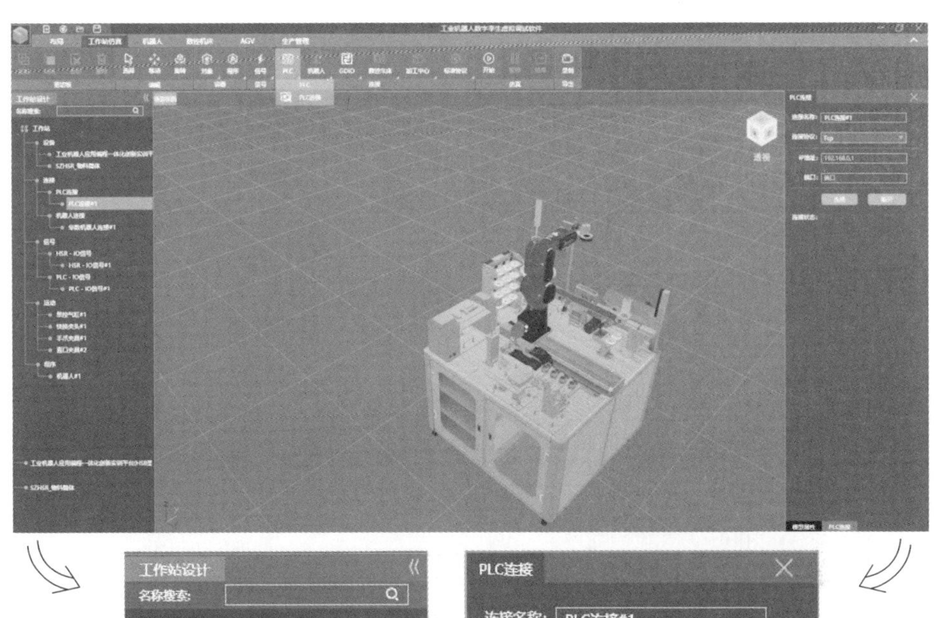

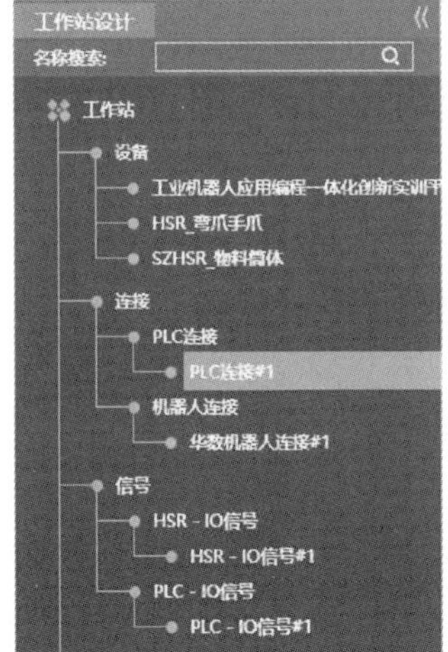

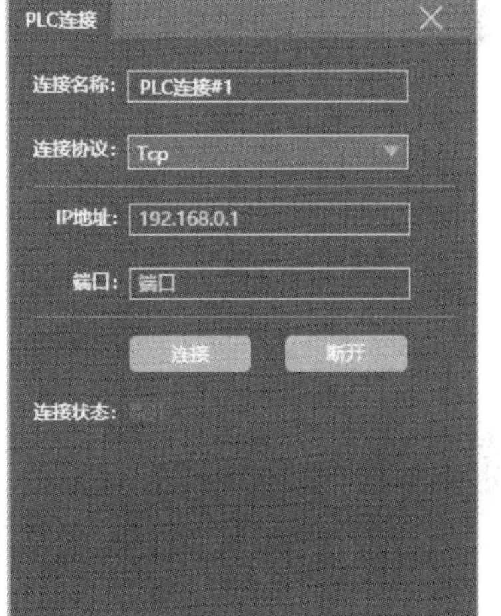

图 8-50　设置 PLC 连接

5. 虚实驱动联调与运行

1）示教器程序的编写

根据完整流程，编写各个步骤所需要的机器人程序，具体点位和 IO 口配置需要根据实际情况确定，此处程序可参考项目三至项目七中的内容。

2）PLC 程序编写

PLC 程序需根据具体配置编写，此处内容仅供参考。

PLC 主程序如图 8-51 所示。

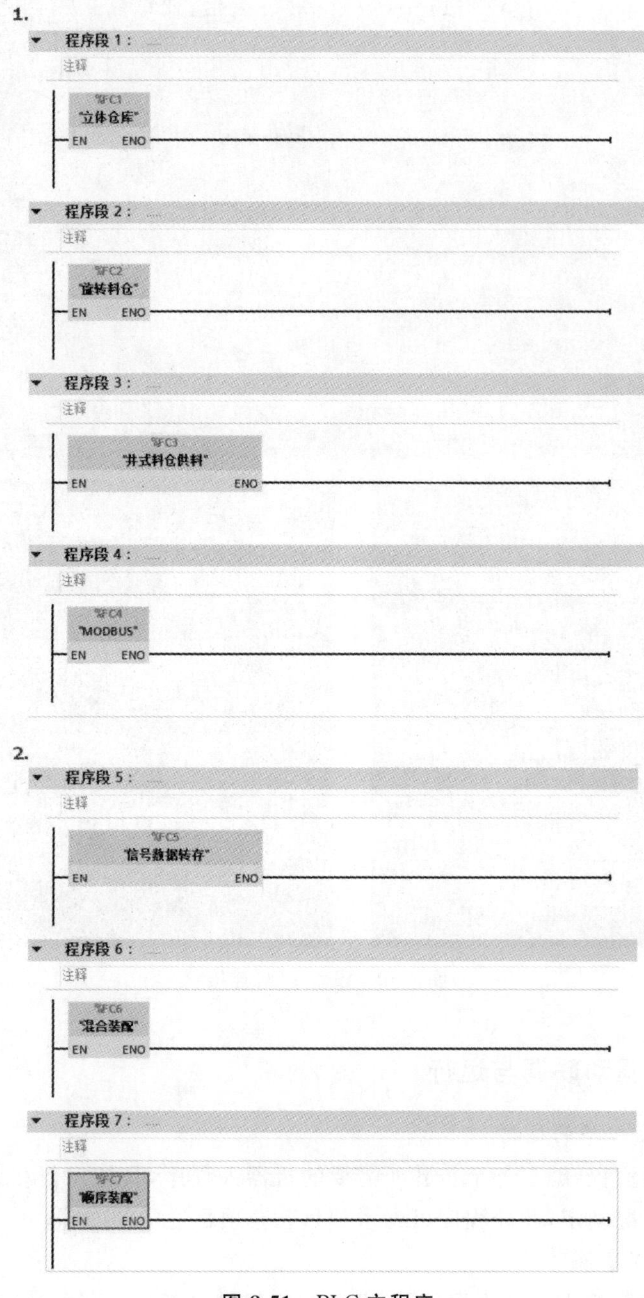

图 8-51 PLC 主程序

如有需要还可以编写以下相关内容的子程序，读者可自行编写。

(1) MODBUS 通信程序。

(2) 井式料仓供料程序。

(3) 立体仓库 PLC 程序。

(4) 顺序装配 PLC 程序。

(5) 数据信号转存 PLC。

(6) 虚拟旋转料仓 PLC 程序。

(7) MODBUS 储存通信程序。

(8) MODBUS 数据通信程序。

(9) RFID 数据通信程序。

(10) 称重数据通信程序。

(11) 混合装配通信程序。

(12) 井式料仓数据通信程序。

(13) 立体仓库数据通信程序。

(14) 数据转存通信程序。

(15) 虚拟软件通信程序。

(16) 旋转料仓数据通信程序。

(17) 主程序数据通信程序。

3) 配置 IO 点位

(1) 配置 PLC 点位。

在进行 IO 配置前，请删除掉信号配置视图中的所有绿色信号连接线，“信号配置视图”中的信号连接线为仿真用的虚拟连接，点击“工作站仿真”选项卡下的“信号”，选择“数据”→“数据源”，在“源数据”选项卡中，“数据来源”选择“西门子 PLC”，“数据来源连接”选择“PLC 链接＃1”，点击“添加”，添加数据来源，如图 8-52 所示，最后在信号配置页面里完成源数据与对象容器的关联。PLC 数据源配置如表 8-14 所示，也可以选中“PLC-IO 信号＃1”，点击“点位映射”，进行 PLC 点位设置，如图 8-53 所示。注意，虚拟调试软件将 PLC 的输入起始地址变为了 M100.0。(以上设置仅供参考，需根据程序及具体配置确定。)

(2) 配置机器人 IO 点位。

点击“工作站仿真”选项卡下的“信号”，选择“数据”→“数据源”，在“源数据”选项卡中“数据来源”选择“华数机器人”，“数据来源连接”选择“华数机器人连接＃1”，点击“添加”，添加数据来源，如图 8-54 所示，然后在信号配置页面中完成源数据与

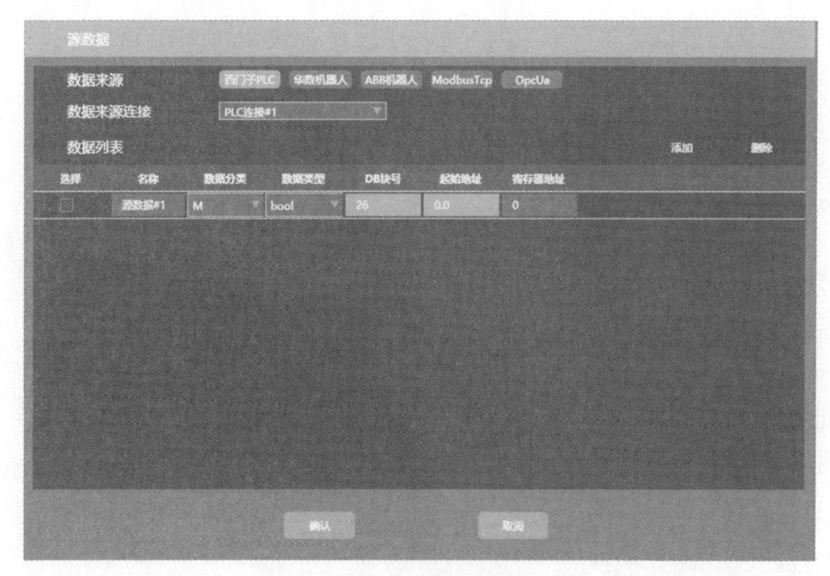

图 8-52　设置数据源

表 8-14　PLC 数据源配置表

变量名称	数据类型	变量地址
复位	Bool	%M200.0
仓位 1	Bool	%M200.1
仓位 2	Bool	%M200.2
仓位 3	Bool	%M200.3
仓位 4	Bool	%M200.4
仓位 5	Bool	%M200.5
仓位 6	Bool	%M200.6
零点反馈	Bool	%M200.7
旋转料仓物料检测	Bool	%M201.0
井式料仓有料	Bool	%M201.1
井式料仓气缸缩回到位	Bool	%M201.2
井式料仓气缸伸出到位	Bool	%M201.3
旋转料仓相对开关	Bool	%M201.4
井式料仓皮带	Bool	%M201.5
变位机气缸	Bool	%M201.6
旋转料仓使能	Bool	%M201.7
井式料仓气缸	Bool	%M202.0

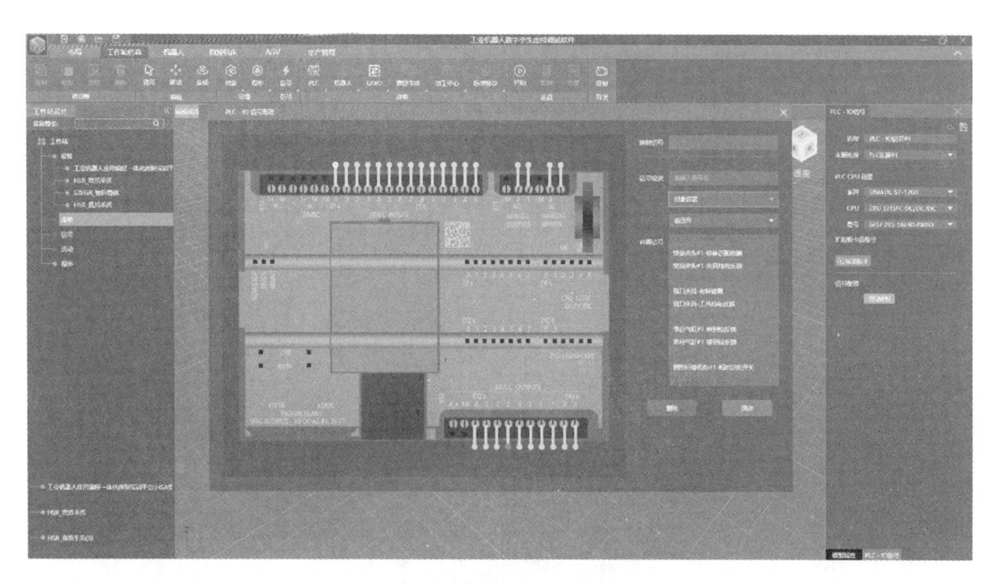

图 8-53　配置 PLC 数据源

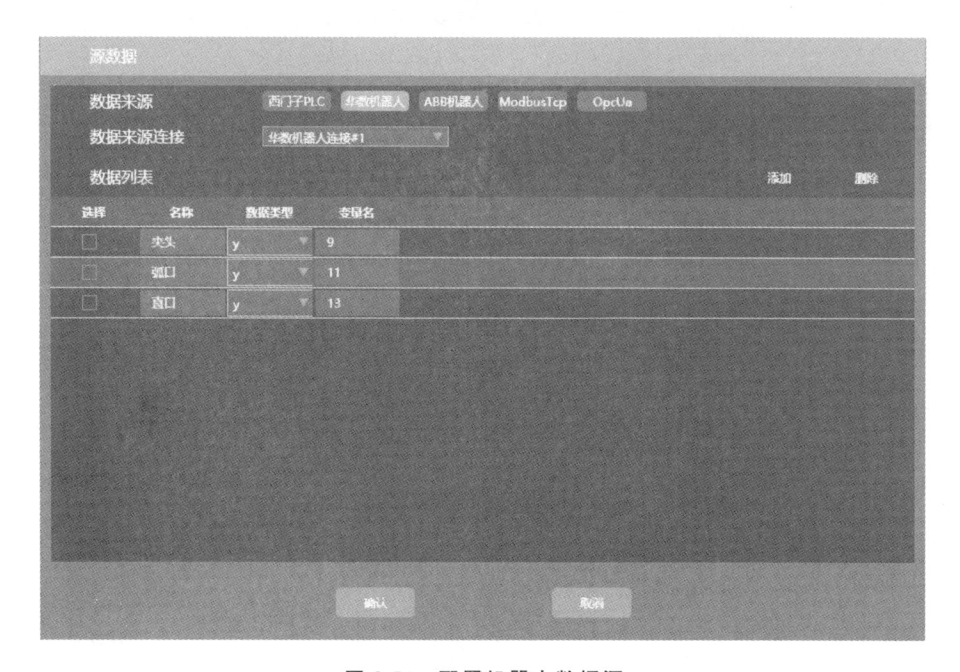

图 8-54　配置机器人数据源

对象容器的关联。也可以点击“工作站仿真”选项卡下的“信号”→“IO”→“HSR-IO”,建立“HSR-IO”信号,“来源连接”选择“华数机器人连接＃1”,点击“点位映射”,如图 8-55 所示,配置机器人 IO 点位,配置参考表 8-15。注意,HSR-IO 的输入输出起始地址为 300,使用此方式时需要在机器人程序中添加对应的指令。(以上设置仅供参考,具体需根据具体配置确定。)

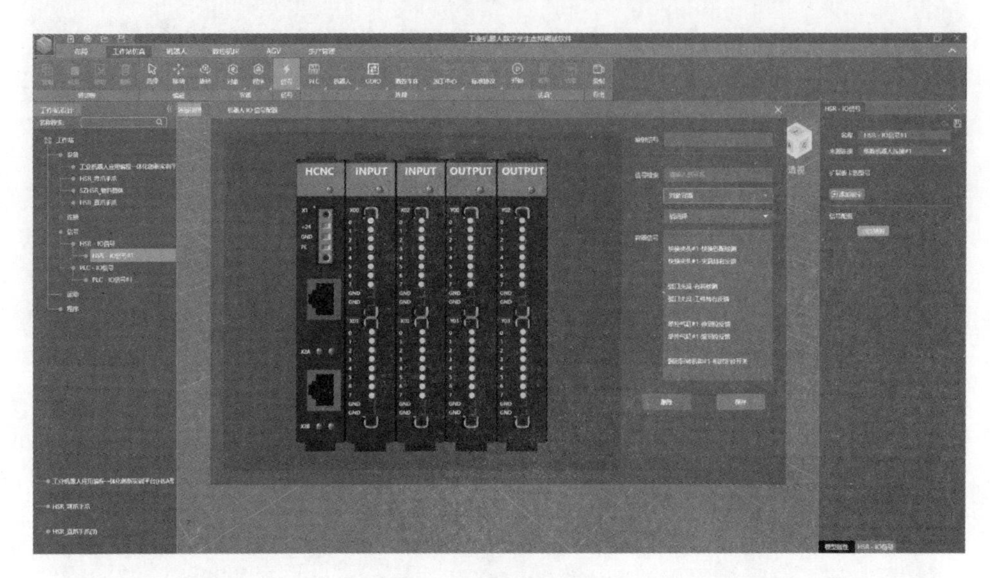

图 8-55　配置机器人 IO 点位

表 8-15　机器人 IO 点位配置表

机器人 DO	关联信号
DO8	快换使能
DO9	弧口夹具使能
DO10	直口夹具使能
DO11	吸盘工具使能

4）调试运行

工业机器人
工业站虚实联动

调试运行操作步骤如下：

（1）检查程序指令格式和 PLC 程序；

（2）检查机器人动作规划；

（3）加载 PLC 和机器人程序,查看机器人是否报错；

(4) 将机器人运行速度调整至10%,开单步运行程序;

(5) 如无问题将运行速度调整至25%,运行程序;

(6) 完成调试。

调试运行注意事项如下:

(1) 每次开始仿真之后需要手动将旋转料仓相对位置开关打开,旋转料仓位置设置30°,速度设置为50°/s。

(2) 触摸屏主页上面的“启动”可启动整个系统,在按下“开始”之前需要先复位并将机器人和软件配置好,按下主页“暂停”后可以按“继续”让系统继续运行,按下“停止”之后只能重新复位才能启动系统。若只进行一次装配,请在触摸屏上设置为单次模式,若需进行多次装配,请在触摸屏上设置为连续模式。

(3) 机器人外部运行速度设定为30%。

5) 说明

PLC输入信号:仿真的PLC无法使用DI寄存器采集输入信号,虚拟的信号不像实际的硬件接线,一旦通电会一直保持通电。为了解决保持问题,这里将PLC所有的I变化为M,为了不影响CPU内部M储存器的正常使用,这里定义了M100.0为I0.0。

工业机器人输入输出信号:为了不影响工业机器人示教器MODBUS TCP通信方式的使用,在使用虚拟信号配置时,工业机器人的输入、输出起始地址为DI300和DO300。

工业机器人外部模式:MODBUS TCP通信方式系统配置暂不支持工业机器人外部模式。

参考文献

[1] 韩鸿鸾，时秀波，孙林，等. 工业机器人工作站的集成一体化教程[M]. 西安：西安电子科技大学出版社，2022.
[2] 周书兴. 工业机器人工作站的系统与应用[M]. 北京：机械工业出版社，2020.
[3] 郝巧梅，刘怀兰. 工业机器人技术[M]. 北京：电子工业出版社，2016.
[4] 叶伯生. 工业机器人操作与编程[M]. 2 版. 武汉：华中科技大学出版社，2019.